别输在直性子上

陈君◎编著

中国纺织出版社

内 容 简 介

现代社会，生存和交往的模式和过去已经有了很大的不同，人们除了要有才华、有能力之外，更要学会掌控自己的情绪，处理好人际关系。有很多朋友都是直性子，殊不知直性子虽然直截了当，但也会给我们的生活带来很多不必要的麻烦。

本书从心理学角度出发，为朋友们分析了直性子的利弊和应对策略，帮助朋友们修炼自己性格，拥有完美人生。

图书在版编目（CIP）数据

别输在直性子上 / 陈君编著. —北京：中国纺织出版社，2018.9（2019.3重印）
ISBN 978-7-5180-5178-6

Ⅰ.①别… Ⅱ.①陈… Ⅲ.①个性心理学—通俗读物 Ⅳ.①B848-49

中国版本图书馆CIP数据核字（2018）第136570号

责任编辑：闫　星　　特约编辑：王佳新　　责任印制：储志伟

中国纺织出版社出版发行
地址：北京市朝阳区百子湾东里A407号楼　邮政编码：100124
销售电话：010-67004422　传真：010-87155801
http：//www.c-textilep.com
E-mail：faxing@c-textilep.com
中国纺织出版社天猫旗舰店
官方微博http：//weibo.com/2119887771
三河市宏盛印务有限公司印刷　各地新华书店经销
2018年9月第1版　2019年3月第3次印刷
开本：710×1000　1/16　印张：13
字数：173千字　定价：36.80元

前言

每个人都是这个世界上独一无二的存在，每个人都有自己独特的脾气秉性。现实生活中，很多人都以为直性子是一种优点，至少不会拐弯抹角地害别人，也不会有话憋在心里不说。然而，直性子真的好吗？有几个人能够受得了别人如同连珠炮一样对待自己？又有几个人能够承受别人莫名其妙、毫无分寸地发脾气？对于关系亲密的朋友，直性子也许尚且可以忍受，但是面对错综复杂的人际关系，有的时候，我们苦心经营很久的友谊、爱情、同事之情，也许就因为直性子而毁于一旦，给我们的生活和工作都带来严重的影响。从这个意义上来说，直性子的直来直去、锋芒毕露和不知变通，都会使人追悔莫及。

现代社会，人际关系被提升到前所未有的高度。我们不管是在生活中与人相处，还是在职场上面对复杂的人际关系，都要做到有所收敛，绝不能随心所欲、率性而为。一个真正成熟的人，绝不会做起事情来肆无忌惮，而是会考虑周全，既给自己留有余地，也给他人留下面子。有些朋友会说自己是真性情，说自己是性情中人。古人云，己所不欲，勿施于人。我们不禁要问，你在真性情对待他人，让他人下不来台的时候，可曾想过自己是否愿意接受他人这样的对待呢？

中国自古以来就是礼仪之邦，讲究礼尚往来，也主张做人含蓄内敛，如同谦谦君子。现代社会各种关系如此复杂，让人无暇应对，如果再加上人们彼此之间以棱角和个性相互伤害，其结果可想而知。所以，一个真正

成熟睿智的人，应该是能够成为自身的情绪主宰，控制自身情绪的人。

随着时代的发展，整个世界都处于日新月异的发展和变化之中。我们作为世界的居民、社会的一员，也要审时度势，懂得与时俱进的道理，才能随时摆正自己的位置，端正自己的心态，让自己更加积极主动地面对人生、拥抱人生、成就人生。

人生不如意十之八九，每个人在人生之中都难免遇到不顺心的事情，这个时候必须冷静对待，如果慌里慌张爆发直性子，很可能贻误终生。尽管人们常说“江山易改，禀性难移”，但是只要我们真正意识到直性子的危害，我们就能够心甘情愿、最大限度地改变自己，从而让自己更加适应现代社会，为自己的人生赢得更大的成就和更好的发展。

朋友们，也许你们是个直性子的人，那么没关系，把曾经的挫折和苦恼都抛之脑后吧，从现在调整自己的思路和心态，相信你一定会掀开人生的新篇章！

编著者

2017年9月

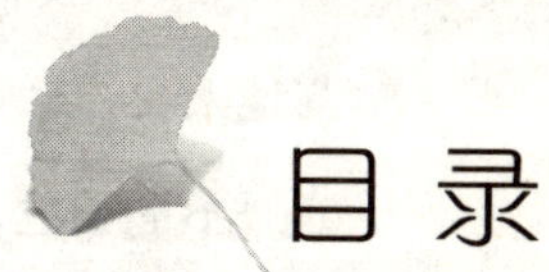

目录

| 第 01 章 |

性子太“直”未必是好事——感情用事，吃亏的是自己

现实社会中，有很多人都太天真，他们性格直率、率性而为，从来不因任何原因委屈自己，更不可能忍辱负重、委曲求全。在这种情况下，他们也面临着困惑，即这个社会与他们所期待的样子有太大的不同。一时之间，他们无法从幻想回到现实，最终也就不可能为自己准确定位。他们总是活在自己的世界里，过于浪漫和憧憬，因而导致他们的人生处处碰壁。所以我们说，性子太直不一定是好事，很多时候人们喜欢感情用事，吃亏的也只能是自己。

找准位置，让人生飞速进步

现代社会，有太多的年轻人好高骛远，尤其是刚刚走出大学校园的大学毕业生，更是意气风发、妄自尊大，他们自以为学习了那么长时间，在大学校园中历练一番，如今已经成为了不起的人才，甚至觉得没有什么事情是他们做不了的、承担不了的。受到这种思想的影响，他们好高骛远的毛病就变得更加严重，总是眼高手低，虽然着眼点很高，但是做事情却缺乏定力，没有实力，导致白白浪费了宝贵的生命，最终一事无成。

在现实生活中，很多年轻人都缺乏理想和梦想，他们为了得到高薪而努力工作，但是却从不认真规划自己的人生。假如他们认为自己的付出和努力不成正比，他们就会消极怠工，对待工作漫不经心，当一天和尚撞一天钟，最终非但没有把工作作为自己毕生的事业，而且被公司淘汰，或者没有得到好的发展机会，最终使人生的发展受到限制，再也无法顺遂如意地实现自己的伟大报负。

人们常说，一分付出一分回报。然而，现实是残酷的，很多时候我们即使付出了，也未必能够得到回报。为此，很多朋友选择不再付出。结果怎么样呢？他们非但没有赢得人生的更多机会，反而因为故步自封，导致人生止步不前。虽然有付出没有回报使人感到遗憾，但是我们依然要付出，因为如果不付出，那么任何得到回报的可能性都将消失。所以，任何

明智的人在人生之中都必须找准位置，才能让人生获得突飞猛进的发展。尤其是现代职场中的年轻人，因为缺乏经验，资历不够，必须更加努力对待工作，从而竭力提高自身的能力，搞好人际关系。倘若不能正确确定自己的位置，那么就难免会得罪同事，得不到领导的赏识，也就无法做好工作中的每一件事情。由此可见，准确给自己定位，是至关重要的。

只有中专毕业的宋丽，人到中年，下岗了。再找工作的时候，她看到很多岗位都要求在35岁之下，不由得暗自发愁。她已经40岁了，如何才能找到一份合适的好工作呢？足足过去两个多月，宋丽才找到一个库管的工作，虽然工作清闲，但是工资很低。不过，宋丽能找到工作已经很满足了，特别珍惜这个来之不易的机会。

第一天上班，她虽然只需要熟悉工作，但是却整整一天都没闲着。尽管还没有到年终，也不需要盘点仓库，但是宋丽还是主动把仓库里的所有存货都进行了盘点。而且，她一边统计存货，一边重新整理货架。就这样，她足足用了一个星期的时间，才把仓库变得秩序井然、焕然一新。在库房工作一年多之后，宋丽因为做事认真细致、服务态度好，被破格提拔为办公室主任，负责办公室里的日常事务，也负责管理公司的繁杂琐事。她不但职务得到晋升，而且薪水也提高了一大截，可谓是双喜临门。

作为一个小小的库管，宋丽并没有轻视自己的工作，而是非常努力地把工作做好，认真细致地完成工作，从而把不起眼的仓库管理工作做得风生水起。每个人在人生中，都需要定位自己，这样才能最大限度发挥自身的能力和潜力，从而为自己的人生赢得更美好的未来。

古人云，吃亏是福。朋友们，对于生活和工作，我们完全没有必要斤斤计较。哪怕我们多做了一些，也是能够得到更多经验的，我们作为年轻人一定要积极主动地工作，就算累一些、辛苦一些，就算没有得到更多的金钱回报，也能给予自己进取的机会，让自己的人生更多一些成功的可能

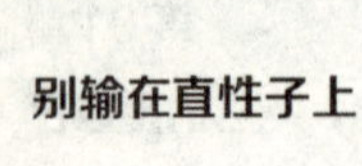

性。朋友们，不要吝啬力气，积极地给人生定位，才能让人生事半功倍。

有的时候，的确需要“事不关己”

在办公室有个禁忌，那就是谈论别人的隐私。毋庸置疑，一个总是喜欢打探他人隐私，而且长着一张如同大喇叭一样的嘴四处散播他人隐私的人，总是招人讨厌，无法得到他人的认可和喜爱。遗憾的是，有些人总是特别喜欢关注他人的隐私，特别是喜欢关注那些名人的隐私。就像很多狗仔记者总是咬着那些明星或者是公众人物的隐私不放一样，这些人也喜欢以肉嘴四处散播隐私。如此一来，他们就成了“移动的花边小报”。然而，他们的口耳相传又与报纸不同，归根结底，报纸是落实在纸面上的，有据可查，但是口耳相传的隐私却是无据可查，而且一旦经过多人传播，就会完全变了模样。可想而知，当隐私几经辗转，成为他人的话柄时，自然就会变质，成为谣言。

现代职场，最忌讳的就是随意传播谣言，不尊重他人的隐私。我们要想在职场中站稳脚跟，必须管好自己的嘴巴，让自己绝不传播流言蜚语。所谓“谁人背后无人说，谁人背后不说人”。假如我们能够像爱惜自己的眼睛一样爱惜自己的名誉，爱惜他人的名誉，那么就能让自己成为谣言的终止地，使谣言在我们这里停止。

作为一对好姐妹和好同事，小张和小李已经共事多年了。每当她们其中一人遇到为难的事情，另外一个人马上就会毫不迟疑地给予帮助和陪伴，从而整个公司都知道她们好得如同一个人一样。

这段时间，小张因为感情的问题非常苦恼，虽然她从未告诉小李原因，但是小李感受到她的郁郁寡欢，总是贴心地安慰她。这不，这个周

末，小李特意邀请小张去吃小龙虾，喝啤酒。郁郁寡欢的小张喝多了酒之后，情不自禁地说出了自己心底的秘密。原来，小张是个地地道道的第三者，她爱上了有妇之夫，如此拖延了好几年，但是却始终无法和对方结婚。虽然小醉微醺，但是小张还是很清醒的，她一时冲动说完之后又后悔了，因而再三叮嘱小李一定要为她保密。出乎小张的预料，没过几个月，整个公司里的人都知道了她是小三。有一次，小张和一个同事发生争执，那个同事居然直接以小张是小三为由，挖苦讽刺小张。最终，小张不得不选择辞职，而她与小李之间的交情也彻底结束。

心理学家曾经经过研究证实，任何一个人如果过于关注他人的隐私，那么在人际交往中肯定不受欢迎。天长日久，他身边的朋友也会越来越少，最终变成孤家寡人。还需要注意的是，职场上同事、上下级之间的关系是非常微妙的。任何情况下，我们都不能在办公场合谈论别人的隐私。当然，在私底下也不要谈论他人的隐私。此外还要注意，所谓距离产生美，我们在与他人交往的时候，还要保持适度的距离。唯有如此，我们才能最大限度保全别人和自己的隐私，不至于因为距离太过亲密，而彼此伤害。

真正明智的人，从不会对他人的隐私报以强烈的好奇心。要知道，每个人都是一个独立的个体，都不可能与他人之间做到绝对的相互理解和体贴。在这种情况下，我们必须给他人留下一定的空间，让他人能自由呼吸。就算是亲密无间的夫妻、亲人之间，也不一定要毫无保留地袒露自己。距离不但产生美，也能够避免产生误解，因而我们必须学会与他人适度相处。

天下之大，可供我们交流的话题有很多，我们完全没有必要非要说他人的隐私。诸如天气、旅行、世界新闻、国内的重要大事等，都是很好的交流和搭讪话题。如果是熟悉的人之间，还可以说些更加贴心的话，这样也有利于拉近关系、促进感情。朋友们，我们必须控制住自己的好奇心，绝不要对他人的隐私过于关注。有的时候，事不关己，高高挂起，是很明智理性的处世哲学。

勇敢面对错误，才能博得他人原谅

现实生活中，每个人都渴望得到他人的认可和赞许，很少有人愿意被他人批评或者指责。所谓“良药苦口，忠言逆耳”，我们一则要理性对待他人挑剔苛责的话；二则也要摆正自己的心态，勇敢面对和承认错误，从而才能博得他人的谅解和原谅。

人非圣贤，孰能无错。犯了错误并不可怕，最可怕的是犯了错误之后，为了逃避责任，避免被责怪，处处推脱责任，从而导致自己变得畏缩怯懦。殊不知，犯错之后逃避错误，拒不认账，不但无法帮助我们保全颜面，反而会使我们失去面子，甚至被他人小看。这个世界上没有后悔药，任何时候我们一旦犯错，就只能勇敢面对和承认错误，承担起损失，否则我们最终会给人留下胆小怯懦的恶劣印象，也无法从错误中汲取经验和教训，最终导致我们的人生变得疲软。

毋庸置疑，一个人即使能力再强，再聪明能干，也难免会犯错误。可以说，犯错是人成长历程中必须经历的事情。假如我们能够正视错误，就能从错误中汲取经验教训，让自己的进步更加快速。相反，假如我们自欺欺人，自以为回避错误就能无视错误的存在，那么我们必然会因此遭受更大的损失，甚至导致人生停滞不前。此外，从人际关系的角度而言，积极主动承认错误，勇敢地承担起责任的人，更能够得到他人的赞赏，也能博得他人的谅解。与此恰恰相反，假如我们总是推脱责任，那么我们一则

内心软弱，二则也无法获得进步。很多经验丰富的管理者在招聘人才的时候，都不会挑选那些从未犯过错误、履历看似完美的人。相反，他们在遇到人生一帆风顺的人才时，难免会觉得忧心忡忡，因为一个人从未犯过错误，总归不是一件使人放心的事情。

如今，小猫成为一家淘宝店的客服，原本她以为很简单的工作，却使她倍感吃力。原来，小猫是个直脾气，生活中说起话来总是直来直去，这样的性格也许能够得到朋友的喜爱，但是在面对网络上素未谋面的消费者时，就显得不那么得当了。

这天，小猫遇到一位消费者反映他们的产品漏发了。小猫所在的店铺主要经营零碎东西，因而漏发东西也是很常见的。为此，小猫第一时间说：“很抱歉，麻烦您确定下真的是我们漏发了吗？”看到这句话，电脑那端的消费者很不高兴，马上回复：“难道你觉得我会浪费宝贵的时间在这里和你掰扯，只是为了私吞你一支一块多钱的笔吗？”小猫马上又问：“您可以申请退款吗？”消费者回答：“这些东西是孩子挑选的，我问问孩子是否愿意。”很快，消费者给小猫回复：“孩子还是想要那个东西，您补发吧。”消费者当然也很清楚，小猫补发一个小小的东西起步价就是6块钱。为此，过了没多久，消费者又说：“要是您适度赔偿，直接赔偿也可以。”不想，小猫却不高兴了：“赔偿什么？您的精神损失费吗？”这句话使消费者勃然大怒。消费者怒气冲冲地质疑小猫：“你这是什么意思？就你卖的这些破烂玩意儿，能引起我的精神损失吗？你这是什么客服，你是来给老板拆台的吧。我每个月在淘宝购买上百单，难道你这支不值钱的笔，值得我和你掰扯吗？从始至终，你都没有承认自己的错误，你真不配当个淘宝客服！”

这件事情，原本很容易解决，不想最终却被投诉到淘宝平台，小猫作为卖家也受到了严肃批评。正是因为小猫处理问题的态度，从始至终没有主动向消费者承认错误、承担责任，才会导致消费者对她根本不买账。

面对一个推脱责任的人，我们很难真正喜欢。任何时候，我们都必须非常认真地反思自己，从而主动从自身找到问题的原因，这样才能最大限度改进自己，赢得对方的原谅和谅解。否则，当我们明明知道自己有错，却强词夺理，相信没有人会愿意原谅我们。

有的时候，我们会犯下大错，这是根本藏不住的。面对这样的错误，“此地无银三百两”的狡辩，只会让人心生嫌恶和鄙视。对于证据确凿的错误，我们要主动承担责任。对于可以狡辩的错误，假如我们心知肚明是自己的错，与其狡辩，不如主动认错，这样反而能够彰显出勇敢者的气质。要知道，事实胜于雄辩，一个人哪怕口才再好，如果不能积极主动地承认错误，也会遭人鄙视。对于那些主动承认错误的人，人们往往更加宽容。因此，聪明的朋友们，面对自己的错误，你们应该知道应该怎么做了吧！放心吧，主动认错的结果会比我们想象的更好。

即使是配角，也要演出自己的水平

人们常说，人生如戏。的确，人生是一场大戏，不管是在台上还是在台下，每个人都是自己人生的主角，甚至有可能成为很多人联名出演的大戏的主角。在人生的舞台上，我们每个人都既是演员，也是导演。当发现机遇到来时，我们应该第一时间决定自己是否上台。有的时候我们演独角戏，当然是寂寞无聊的。更多的时候，我们和很多人一起表演，演得好了，就能成为主角，成为舞台上的焦点。演得不好，我们就会成为配角，成为衬托红花的绿叶。人生如戏，戏如人生，戏里戏外，我们都要竭尽所能地演好自己的角色，哪怕是个配角，我们也要演出属于自己的精彩。

毋庸置疑，在人生这出戏里，我们不可能始终都扮演主角。有的人一生之中默默无闻，甚至从表演过主角。但是，我们并不能因此就放弃人生，甚至对人生极度不满。试问，如果没有配角，如何表现出主角的光彩照人呢？所以，就算是配角，我们也是不可缺少的，也要竭尽所能表演出自己的水平。

作为一名四处奔波的推销员，小马虽然觉得工作很辛苦，但是始终特别勤奋努力。因为他想凭借自己的努力，为自己赢得更好的机会，也希望有朝一日能够胜任销售经理，拥有属于自己的销售团队。就这样，他如同“拼命三郎”般打拼了五六年后，终于以优秀的销售业绩，升任销售经理。然而，他也许更适合销售工作，而不适合管理，当了一年多销售经理后，他所管理的销售团队业绩一般，而且人员流失很大，因此他被做降职处理，再次成为一名推销员。

其实，销售行业的升迁主要靠销售业绩，为此职位的变换也是很正常的现象。但是小马对于自己的降职却始终耿耿于怀。他如同霜打的茄子，始终蔫头耷脑，工作上也毫无兴趣。就这样，降职之后连续三个月，他没有任何工作业绩，始终表现平平。后来，他渐渐喜欢上了喝酒，想要用酒精麻痹自己。对于小马的表现，上司也很失望，因此决定辞退小马。就这样，小马从一名优秀的推销员，变成一个自暴自弃的人。

原本是配角的小马，在成为主角后又被降职，这下子他脆弱的内心就无法承受当配角的挫折和打击，最终变得自暴自弃了。人生的路上，每个人对于成功都要有自己的定义，我们无法强求成功，更无法让成功从天而降。

没有任何人的人生之路会是一帆风顺的。很多时候，我们找不到人生的出口，陷入绝境之中。在这种情况下，一味地前进未必是最好的选择，明智者会以退为进，以退步作为前进的特殊方式。这样一来，我们也许反

而能够得到更多的机会，进行更多的选择，从而为我们的人生做好充分的准备工作。

此外，在竞争激烈的现代职场，我们还要保持低调。所谓“不鸣则已，一鸣惊人”，一个咋咋呼呼的人是无法达到这样的效果的。很多事情在没有完全把握的情况下，我们根本无须四处张扬，因为四处张扬并不能使我们得到胜利，反而会使他人提前做好应对我们的准备，也给我们的成功设置了更多的障碍。沉默之中的爆发，才能让我们产生一鸣惊人的效果，也让我们给他人造成更大的震撼力。

恰到好处的礼仪，助力人际关系

很多时候，心思单纯的人会把日常的聊天、应酬、客套等，看作毫无意义的虚伪表现。实际上，这些有关于礼仪的形式，不是没有任何意义的。只要我们从思想上认识到这些行为的重要作用，从行为上能够真正地接受，那么这样的礼节就会对我们的人生起到重要的作用。很多朋友也许会说，人与人之间追求的应该是心与心的和谐共鸣，而不是表面的客套。实际上，这只是不谙世事的少男少女才会有的认知和理解。稍微有些人世经验的人，都知道人不仅要追求心灵的沟通和共鸣，还要在礼仪方面面面俱到，才能让人际关系得到良好的发展。

当然，心与心的真诚交流是每个人都渴望的，不分年纪和性别。但是正如人生知己难求一样，心与心的交流也是可遇而不可求的。现实生活中，我们除了要与真心相待的人交流，也要与很多关系一般的朋友交流，这样我们才能经营好人际关系，也才能帮助自己在社会交往中站稳脚跟。所以，朋友们，任何时候都不要排斥利益，更不要因为忽略利益而损害人

际关系，否则就是得不偿失，就是人生的莫大遗憾。

唐朝时期，云南边境少数民族的首领每年都要给朝廷上贡，有一次，云南首领特意派出特使缅伯高出使唐朝，并且带了一只珍贵的天鹅献给唐太宗。从云南到京城千里迢迢，路过沔阳河的时候，缅伯高看到天鹅脏兮兮的，毛发也不整齐，因而特意从笼子里小心翼翼地拿出天鹅，想要把天鹅洗得干干净净的。然而，趁着他一不留神的时候，天鹅突然从他手中挣脱出去，展翅飞走了。缅伯高情急之下赶紧伸手抓天鹅，但是只勉强抓下来几根鹅毛。

这可是云南首领特意带给唐太宗的礼物啊，缅伯高眼看着天鹅越飞越远，不由得急得失声大哭。他的下属们纷纷劝说他：“天鹅已经飞远了，哭也于事无补，还是想想怎么交差吧。”缅伯高觉得下属说得很有道理，因而一到长安就马上带着礼物去拜见唐太宗。唐太宗打开那个非常精致的绸缎包裹， 发现里面有一首小诗和几根鹅毛。诗句的内容如下：“天鹅贡唐朝，山高路途遥。沔阳河失宝，倒地哭号啕。上复圣天子，可饶缅伯高。礼轻情意重，千里送鹅毛。”唐太宗看到这首诗不知所以，因而询问缅伯高发生了什么事情。听完缅伯高的讲述之后，唐太宗哈哈大笑起来，说：“难能可贵！难能可贵！千里送鹅毛，礼轻情意重！”

现代社会，很多人都喜欢用“千里送鹅毛，礼轻情意重”来形容自己与他人之间的礼尚往来。以上这个故事，就是这句俗语的由来。虽然唐太宗没有得到真正的天鹅，但是他收到了天鹅的羽毛，也知道了云南首领对于自己的心意，所以就领了云南首领的好意，缅伯高也如愿以偿地通过这次出使促进了云南和朝廷的关系。

很多时候，我们自以为所谓的客套礼仪根本不能对人际关系起到促进作用，实际上，客套的作用远远超乎我们的想象。就像人们常说的，量变才能引起质变，而客套也恰恰能够促进人们的情谊在实质意义上得到发

展。退一步来说，就算心中情谊再深，也是要我们通过各种形式表现出来的。这个世界上有多少心有灵犀呢？我们与其等着对方领悟我们的意思，不如主动表达我们的心思，表现我们的友好和善良。无数的事实证明，哪怕我们只是从礼仪的角度善待陌生人，只要我们礼貌周全，也足以给对方留下良好的印象。虽然有很多朋友崇尚真实率性，但是假如不拘小节到了给人留下不礼貌的印象，那么必然会伤害人际关系。自古以来，中国就以礼仪之邦自居。我们唯有用礼仪维护感情，才能更好地处理好人际关系，让人际关系更加和谐融洽，也让我们与他人之间的交往更加顺遂如意。

世界上，绝没有十全十美

所谓人生不如意十之八九，每个人在人生之中都会遇到烦恼，因为人生从来不是顺遂如意的。但是，人生的烦恼来源不同，诸如有些人之所以感到烦恼，是因为他们的人生遭遇了很多坎坷挫折，使他们觉得暗无天日；有些人之所以感到烦恼，是因为感情上不顺利，不能与自己所爱的人在一起；有些人之所以感到烦恼，是因为生活或者工作上遭遇困境，无法摆脱……和这些理所当然的烦恼不同，有些人之所以感到烦恼，是因为他们从来不知道满足，不管做什么事情都想要尽善尽美，如此一来，他们岂不感到身心俱疲呢！

静下心来认真想想，生活中的很多事情是否圆满，并非取决于我们的能力高低。正如古人所说的，天时、地利、人和。很多时候，我们哪怕能力很强，也会因为外界的各种条件限制，导致无法正常发挥。有的时候，我们还会因为过于贪心，而使我们自己从不满足，总是产生不切实际的奢望。要知道，凡事皆有度，任何事情一旦过度，就会从合理走向荒谬，从

圆满走向缺憾。这个世界上没有绝对的十全十美，更没有真正的圆满。任何情况下，我们都必须改变心态，让自己发自内心地感到满足，才能改变人生缺憾的状态，也才能使我们的精神得到解脱，得到更多的幸福快乐。

在河岸两边，分别住着一个农夫和一个和尚。每天，和尚早早起床，看到农夫在田地里辛勤地耕耘，日出而作，日落而息，生活简单而又快乐，因而非常羡慕农夫。和尚不知道的是，农夫每天也隔着河流，看着对岸的他。农夫看到和尚每天都无忧无虑地念经，进行简单的劳作，丝毫没有尘世间的烦恼，也羡慕不已。所以，农夫与和尚几乎同一时间产生了相同的想法：“真好，我也想去对岸，享受那简单快乐的生活。”

一天，农夫与和尚无意间走到了一起，他们马上相见恨晚地交谈起来。当得知彼此都在羡慕对方时，他们当即决定交换身份，从而更好地感受对方的生活。和尚变成农夫之后，一下子多了很多世俗的琐事，因而他非常烦恼。渐渐地，他开始怀念起当和尚的生活。农夫呢，在变成和尚之后，才知道和尚每天只能吃那些清淡的蔬菜，连酒肉都不能碰。而且，除了敲钟念经之外，和尚只能劳作，没有任何娱乐活动。这样简单枯燥乏味的生活，使得农夫越来越厌倦。因此，变成农夫的和尚，每天都在河岸这边看着河岸那边已经变成和尚的农夫，他们又开始彼此羡慕。

不管是和尚还是农夫，他们对于本来的生活都不够满意，所以他们才会羡慕对方的生活。然而，在真正交换身份成为对方之后，他们并没有得到满足，而是意识到对方的生活也有很多遗憾之处。为此，他们又开始彼此羡慕。

尽管这只是一个小小的故事，但是却告诉我们一个深刻的道理。我们每个人都对自己的生活不满，而羡慕别人的生活。殊不知，别人的生活并非我们所想象的那么美好，也同样是不那么令人满意的。

现实生活中，有很多人都苛求完美，恨不得让自己的生活十全十美。

然而，生活永远也不会按照他们想象的样子发展，因为每件事情归根结底，都有自身的发展规律，都是无法颠覆的。世界原本就是不完美的，世界上，也没有绝对的完美。当我们为了追求完美而错失生命中的很多美好时，我们才会意识到自己的选择是得不偿失的。尽管知足常乐并不是一种积极的人生态度，但是我们要学会合理控制自身的欲望。唯有如此，我们才能对生活感到知足，也才能不再为了追求完美而苦恼。

与其锋芒毕露，不如养精蓄锐

这个世界上有多少个人，就有多少种脾气秉性。虽然科学家对人的性格类型进行了多次分类，但是不管从哪个角度进行的分类，显而易见都只能粗略地涵盖人的性格，却不能对人的性格进行细致入微的区分。这也难怪，因为这个世界上既没有两片完全相同的树叶，也没有两个完全相同的人，所以人也就成了这个世界上最复杂、最难以捉摸的生物。

很多性格爽直的人都很真诚，也喜欢率性而为，这导致他们总是锋芒毕露。他们不管说话还是做事，总是想说什么就说什么，想怎么做就怎么做，根本不考虑别人的感受。这样一来，他们既无法做到体贴周全，又无法做到冷静理智，最终他们常常因为一句话说得不对，导致与他人之间展开激烈的争辩，甚至是冲突。他们特立独行，锋芒毕露，不但做人做事受到阻碍，而且工作和事业也受到影响。虽然现代社会崇尚言论自由，每个人都有权利表达自己的意见和看法，但是我们既然有权利发表自己的言论，也就无权剥夺他人言论自由的权利。所以，人可以有锋芒，但是却不能锋芒毕露。很多性格爽直的人只顾着自己一吐为快，却很难接受他人的意见和看法。

遗憾的是，现代社会很多年轻人都锋芒毕露，他们不管做人还是做事，都从自己的主观角度出发，丝毫不考虑他人的感受和体会。为此，他们无形中得罪了人，自己却毫不知情。不得不说，这对于他们的工作和生活都影响巨大，而且是负面的影响。所以，朋友们，为人处世，与其锋芒毕露，不如养精蓄锐。

大学毕业后，娜娜参加了一场职场选秀节目，想借此机会为自己赢得更美好的未来。她对于自己很有信心，因为她不仅毕业于名牌大学，而且还在学校里担任学生会主席，经常组织同学们开展各种活动，可谓出类拔萃。对于这场选秀节目，她目标明确，志在必得。不过，娜娜在盲目自信之余，却忽略了自己的一个致命缺点：说话太直接，为此没少得罪人。

在选秀节目上，她虽然使出浑身解数表现自己，但是并没有如愿以偿地赢得评委的好感。在和一位评委因为意见不一致产生分歧时，娜娜更是寸步不让，咄咄逼人。最终，她无法控制自己，与评委针锋相对地吵了起来。虽然娜娜在争论中看似没有吃亏，但是用人单位却因为她锋芒毕露，觉得她情商太低，最终都放弃了她。最严重的影响还不在于此，娜娜的选秀节目是现场直播，在节目播出后，很多公司都对娜娜心有余悸，不愿意录用娜娜。毕业后，直到几个月之后，娜娜好不容易才进入一家大公司当行政人员，但是又因为她在协调各部门关系时总是颐指气使，得罪了很多老员工，最终被老员工联名上告，又失去了工作。就这样，娜娜毕业之后好几年的时间里一直在频繁地换工作，根本没有任何成就。

为人直率，当然在爱你、包容你的人眼里会是可爱的优点或者是可爱的缺点，但是在那些与我们不相干的人心里，直来直去就显得情商太低，而且不通人情世故。我们必须记住，没有任何人愿意无缘无故被他人的语言伤害。所以，我们更要努力改变自己的性格，让自己的人生得到更多机会。所谓性格决定命运，正是因为性格影响了我们的生活和工作，最终让

我们的命运也变得面目全非。

在这个世界上，万事万物都是密切联系的。正如著名的“蝴蝶效应”中那样，地球另一侧的蝴蝶扇动翅膀，这一侧有可能会掀起飓风。人更是如此，人是群居动物，每个人都要在人群中生活。尤其是现代社会，各行各业的分工越来越明确，合作也越来越密切。在这种情况下，我们与其因为性格原因把自己变作一座孤岛，彻底与成功绝缘，不如心甘情愿地主动改变和完善性格，从而赢得更多人的心，得到他们的支持和帮助。早在古代，先哲就提出“得道多助，失道寡助”，所以我们更应该隐藏自己的锋芒，让自己养精蓄锐，在关键时刻亮剑。

绝对的自由，只会使你错误不断

如今，很多朋友把人生奋斗的目标定义为财务自由。毋庸置疑，他们是想要拥有足够多的金钱，满足自己的欲望和需求，从而让自己在消费的时候不会因为金钱而犹豫不决。当然，这是一种非常美好的人生境界，毕竟金钱虽然不是万能的，但是没有金钱却是万万不能的。尤其是现代社会物质极大丰富，经济飞速发展，金钱更是成为我们人生之中的必需品。我们不能高估自己的自制力。要知道整个社会一旦失去道德和法律的约束，就会导致我们自身不断地犯错误，从而失去继续享受自由的机会。看看那些罪犯，哪一个不是为了追求绝对的自由，最终导致人生失去约束，内心随心所欲，因而轻则犯各种各样的错误，重则触犯法律，锒铛入狱。

很多性格直爽的人都是随心所欲的。他们率性而为，说起话、做起事来从来都是不假思索。他们还很容易冲动，讲话很像发表演讲那样激情澎湃，做事也热血贲张，不管不顾。他们就像是人生路上疾驰的车，从来不

知道刹车，只知道一味地加油门。也许他们侥幸能够躲避车祸，避免车毁人亡的噩运，但是却给身边的人带来无尽的烦恼。尤其是那些与他们关系密切的人，更是因为他们这样的肆意张扬而烦恼不已。

当然，对于这些性格爽直、随心所欲的人，人们的评价不一而足。有的人觉得他们非常真诚，虽然看起来很冲，但是实际上却很善良，也不会玩阴的。但是有些人的看法则恰恰相反，觉得随心所欲的人缺乏责任感，也因为锋芒毕露难以相处，为此对他们敬而远之，不愿意过多地接触。事实上，绝对的自由的确会使人接二连三地犯错误。

每个人的人生都不是一条直线，每个人的思维也不应该是一条直线。众所周知，每个人都不应该把自己的幸福快乐建立在他人的痛苦之上，因而我们也必须更多地考虑身边人的感受，从而才能做得更加周全，不至于无形中伤害他人。

某公司要组织员工去海南三亚旅游。全体员工得知这个消息后，都很高兴，也都迫不及待等着旅游日子的到来。快乐的时间总是过得最快，转眼之间，公司全员都已经旅游归来了，大家看着彼此晒得黝黑的皮肤，还沉浸在旅游的快乐中，因此回到公司后的第一次晨会，每个人都无心说工作上的事情。看到大家心不在焉的样子，经理索性把晨会改成旅游交流会，让大家都说说对海南三亚的感受和体验。

正当大家你一言我一语说得开心时，有个因为感冒发烧没能去旅游的小姑娘，突然问直脾气的王姐：“王姐，海南的阳光肯定特别晒吧。”王姐不假思索地说：“是啊是啊，你没看我们全都晒黑了吗？！不过我们之中有一个人没晒黑，那就是咱们的经理，看来皮肤长得像非洲人也是有好处的。”听到王姐的话，大家突然全都沉默下来，不知道该说些什么。虽然大家都知道王姐上次因为工作上的事情与经理有过节，但是谁都没想到王姐居然会在这样的公开场合嘲笑经理，而且还毫无遮拦、指名道姓。

后来，经理找了个理由，把王姐办公室主任的职务撤掉了。对此，王姐愤愤不平，逢人就说经理假公济私，公报私仇。有一次，王姐正说着呢，恰巧被经理听到了，经理当即说："老王，我撤掉你办公室主任的职务，和你打击我本人并没有任何关系。我是觉得你口无遮拦，不适合再担任办公室主任招待公司的客户，否则万一哪天你得罪了客户，我们公司可就损失大了。我这也是为了对公司负责。"经理的话无懈可击，王姐只能哑巴吃黄连，有苦说不出。

王姐显然是个直脾气的人，而且说话做事随心所欲，丝毫不考虑时间、场合以及他人的感受。为此，她显得非常鲁莽草率，而且不够成熟稳重。对于这样的职员，上司怎么能放心地交给她重要的工作任务呢？儿童随心所欲、率性天真固然可爱。但是成人如果也说话口无遮拦，那么必然因此得罪很多人，也会给自己的生活和工作带来很大的障碍。没有人有义务原谅你的过失，反而是你自己，既然已经成为成人，就要学会对自己的言行举止负责。

成人世界里有很多规则，其中人与人相处时，最重要的规则就是我们要尊重他人，顾全他人的颜面，当然这也是尊重我们自己，为我们的人生铺垫良好的基础。任何时候，都不要随意发挥自由的天性。既然这个世界上不论身份和地位的高低贵贱，每个人都要遵守一定的规则和法律，我们又有何不可呢！其实，真正的自由是规则之内的自由，是道德和法律认可的自由。

| 第 02 章 |

大方而不是大大咧咧——谨言慎行，切勿自命不凡

生活中，总有些人自命不凡，他们过于高估自己的实力，也过于低估别人的聪明才智。不管是对于新人，还是对于老前辈，他们都不以为然，高高在上，最终导致得罪无数人，也因为众叛亲离，使得生活和事业都遭遇挫折，无法取得很好的发展。现代社会，人才的衡量不仅仅在于能力，而是要智商和情商都高，才能在社会上游刃有余，获得好的发展。

凡事不要做绝，留有分寸才好回旋

常言道，祸从口出，言多必失。人与人之间交流，主要依靠语言进行沟通。很多人说起话来不假思索，想说什么就说什么，就像嘴上没有把门的。这种脾气秉性和语言风格，在私底下的场合也许还可以，但却无法登上大雅之堂。试想，如果我们在工作中对同事和客户说起话来口无遮拦，导致工作受到影响，我们又如何能够得到上司的认可和赏识呢？其实，不仅客套的关系需要注意交流的方式方法、做事的分寸，对于亲密的关系，也同样需要用心经营，才能加深彼此间的感情。

一个人生存在社会中，注定要与他人交流。生活中的烦琐事情，我们需要不断与他人交流和沟通，才能彼此了解，获得共鸣。工作中我们更要注意为人处世的分寸，唯有如此，我们才有回旋的余地，才能让自己有更大的空间施展。正如人们常说的，说出去的话如同泼出去的水，是很难收回来的，也可以说是根本收不回来的。在这种情况下，我们与其心直口快地说完做完之后再懊悔，不如三思而后行，凡事都给自己留有余地。

很多人说话喜欢绝对，其实，这个世界上没有任何事情是有绝对把握的。一则很多事情都处于不停地发展和变化之中，二则以绝对的口吻说话也很容易引起他人的误解和挑剔。假如遇到苛责的人，他们是一定能够从绝对的话中挑剔出毛病来的。因此，我们与其给他人挑剔的借口，不如自

己委婉地说话做事，给自己留有分寸，这样就算自己很有道理，也能避免得理不饶人的尖酸。此外，我们有了更大的空间斡旋，也可以在与对方交流或者相处时占据主动权，避免被动。总而言之，任何时候都不要把自己逼上绝路，除非你想破釜沉舟，背水一战。

唐然在一家高档酒店当服务员。这一天，她在为一位外籍客人服务的时候，发现那个客人酒足饭饱，结账之前居然把酒店专门定制的青花瓷餐具装入自己的口袋中。这些青花瓷餐具是酒店的一大特色，而且是酒店专门定制的，价值不菲。这可怎么办呢？直接指责客户，必然会惹恼外籍客人，甚至会使事态扩大，导致不可收拾。不说的话，餐具丢失，她作为负责人是要承担损失的。思来想去，她想出了一个好办法。

她去柜台拿来一套全新的餐具，这种餐具和酒店里用着的餐具完全相同，只不过酒店正在用的餐具是有酒店的标志的，而这种餐具是专门供给客人购买，留作纪念的。她不卑不亢地对客人说："先生，您一定很喜欢我们酒店的青花瓷餐具吧。您真有眼光，这些餐具都产自景德镇，很多客人来我们这里用餐，都会爱上这套高雅别致的餐具。不过，酒店使用的餐具带有酒店的名字，看起来略微显得不够美观。我这里有一套餐具是不带酒店名字的，其他的与酒店使用的餐具都完全一样。很多客人都会选择购买这样一套餐具，带回自己的国家作为珍藏。当然，我们酒店并非专业经营瓷器的，所以这些餐具都是成本价销售，是您在外面买不到的低价格哦！"听到唐然的话，那位外籍客人当即表示要买一套餐具，而且还趁着唐然去帮助他结账的工夫，把装入口袋中的那套餐具放回餐桌。

以委婉隐晦的暗示和表达，唐然很好地解决了外籍客人私拿餐具的问题。原本，作为服务员就必须具备处理应急问题的能力，但是在对待外籍客人的问题上，唐然显然要更加慎重。她的处理方式非常有分寸，既保全了外籍客人的颜面，也给了外籍客人台阶下，而且还给了自己回旋的空

问。这样一来，不管外籍客人是否能够意会她的意思，都不至于一下子让事情陷入僵局，由此唐然也争取到解决问题的主动权。

为人处世，不管是说话还是做事，我们都要给自己留有退路。说话不要说得太绝，做事不要做得毫无回旋的余地，唯有面面俱到地处理问题，我们才能给人留下安全的感觉，也使人觉得非常贴心。现实生活中，很多时候我们会面临两难的境地，诸如当面对别人的请求不知道如何拒绝时，当面对别人的好意自己却丝毫不受用时，我们都必须组织好语言，才能尽量处理好问题。对于想要拒绝的请求，千万不要直截了当地拒绝，更不要不假思索地接受，这样都是会伤害他人颜面的。我们唯有拿捏好分寸，才能最大限度经营好人际关系，让我们的人生更加顺遂圆满。

与人交往，千万不要哪壶不开提哪壶

现实生活中，有很多人性格耿直，说起话来快人快语，根本不过脑子，有什么就说什么，简直口无遮拦。这样的行为习惯假如用在彼此熟悉、亲密无间的朋友圈里，当然也无不可。但是如果是用在对待普通的同事、朋友或者上司身上，则显得不合时宜。毕竟，这个世界上除了父母能够无原则包容我们之外，没有任何人有义务包容和谅解我们。为人处世，我们必须区分时间和场合，还要根据与谈话对象之间的关系，以及谈话对象的身份、地位等，有针对性地调整谈话方针和策略，从而使得交谈更加有的放矢。

一个人要想在社交场合受到欢迎，一定要注意迎合他人，从而营造良好的谈话氛围。但是偏偏有些人与此相反，他们和他人交谈时，总是喜欢哪壶不开提哪壶，既扫了他人的谈话兴致，也使得谈话不欢而散。这一

点，是人际交往的大忌，毕竟每个人的脾气秉性不同，有的人喜欢直来直去，有的人喜欢委婉隐晦。而且，每个人的心理承受也各不相同，有的人对于你对他们当众嘲笑也许不以为然，但是有的人却会因此耿耿于怀，导致心中与你产生过节。为了一时的口舌之快而无形中得罪人，给自己处处树敌，是得不偿失的。

明朝时期，大名鼎鼎的画家唐伯虎画艺高超，但是他的邻居却是一位暴发户，因此唐伯虎总是瞧不起邻居。邻居家里有一个老母亲，有五个儿子。有一天，正值老母亲的大寿，五个儿子齐心协力大宴宾客，想给母亲高高兴兴过大寿。虽然家里来了很多亲朋好友，也很热闹，但是寿宴上却少了些书香气息。为此，几个儿子想到住在对门的唐伯虎是个大才子，能写能画，因而想要趁着这个大喜的日子邀请唐伯虎赴宴，顺便也给老人讨要宝墨。

没想到的是，正当这户人家准备去邀请唐伯虎时，唐伯虎却带着薄礼前来祝寿了。这家人全都喜出望外，马上热情款待唐伯虎。酒过三巡，大家趁着这个机会向唐伯虎讨要墨宝，唐伯虎毫不推辞，当即拿起笔写了起来——对门老妪不是人。看到这句话，主人和在场的宾客全都敢怒不敢言。毕竟这是老人的寿辰，但是唐伯虎名气很大，所以大家只能压抑内心的愤怒，对他怒目以视。此时，唐伯虎明显感觉到来自四面八方的敌意，虽然他的本意真的是骂老人，但是考虑到现场的气氛和时机，他马上灵机一动，接着写下第二句诗——九天玄女下凡尘。看到这句话，大家才如释重负，马上开始赞美唐伯虎的才华。

唐伯虎察言观色，在亲朋好友欢聚一堂为老人庆祝寿辰时，没有不长眼地继续骂老人。而是话锋一转，把对老人的骂变成了赞美，他也由此得到众人的交口称赞。同样一句话，让不同的人以不同的方式表达，效果往往大相径庭。甚至，有的时候说话的方式比说话的内容更加重要，因此我们应努力提升自己的语言表达效果，从而让自己会说话，把话说到他人心里去。

人与人交往的首要原则是真诚，但是真诚并不意味着毫无遮拦。一句话会有很多种不同的说法，在这种情况下，聪明的朋友当然会选择最佳的说话方式，表达自己的内心和真实想法。哪怕是批评，也不仅仅只有声色俱厉这一种方式，更不应该让反目成仇成为批评的结果。我们唯有真正用心地与人交往，思考语言表达的方式，才能经营好人际关系，才能让我们更受人欢迎。当然，并非任何事情、任何时候我们都要迎合他人。我们最重要的是要分清楚场合，从而根据实际情况调整与人交往的方针和策略。把话说到他人心里去，让他人高兴，让在场的人皆大欢喜，我们也才会拥有好心情。

真诚率性，并非是没心没肺

很多人自诩率真，因而说话做事完全凭着本能，根本不会进行理智认真的思考。长此以往，他们必然变得更加没心没肺。要知道，真诚率性与没心没肺之间是有显著区别的，任何情况下，我们可以真诚率性，却不能没心没肺。现实生活中，很多人都办事鲁莽，哪怕是一件小小的事情，他们一旦经受也会纰漏百出。不得不说，这不仅仅是做事习惯的问题，也是为人秉性的表现。

现代社会，尤其是现代职场，竞争非常激烈，每个人要想从人才济济的职场上脱颖而出。除了要提升自己的能力之外，还要学会做人做事。正如很多朋友常说的，一个人难的不是做一件好事，而是一辈子做好事。那么对于我们而言，难的不是偶尔做一件惊天动地的大事，而是把每件点

点滴滴的小事都做好。这就要求我们不能没心没肺，而更要注重细节。现代社会很多人都知道细节决定成败，所以我们要想获得成功，首先不能马大哈。也许和朋友相处丢三落四会被看作可爱，但是在职场上如果丢三落四，就会被认为是能力太低、为人不可靠，可想而知会对我们的职业生涯起到多么严重的影响。踏踏实实地做人做事，能够改变我们的一生，这绝不是简单说说而已，而是经过无数成功者验证的。

美国福特汽车公司曾经作为美国汽车行业的龙头老大，在整个世界都首屈一指。然而，作为福特汽车公司创奇的创造者，艾柯卡当初进入公司纯粹是因为“捡废纸”的细微动作。

当时，刚刚大学毕业的艾柯卡去福特公司应聘，在所有的应聘者中，只有他的学历是最低的。为此，艾柯卡觉得有些沮丧，甚至断定自己根本没有机会进入大名鼎鼎的福特公司。当他有些绝望地敲门走入董事长办公室时，突然看到进门的地方有一张废纸，为此他自然而然地弯腰捡起废纸，并且在仔细看过废纸确定无用之后，将其扔进了不远处的垃圾桶里。董事长始终在看着他做这一切，等到艾柯卡自我介绍说是来应聘的之后，董事长当即宣布：“欢迎您加入，艾柯卡先生，您已经通过了考核。”原来，董事长正是因为看到艾柯卡捡起那张废纸扔进垃圾桶，才对艾柯卡刮目相看、特别器重的。

一个人的素质高低，无须看他重要时刻的表现，而是要看他在微小细节中的表现。只有在细节处严格要求自己，绝不放松自己，而且能够把握分寸，把事情做得恰到好处的人，才是真正脚踏实地做事的人。我们必须从小事做起，认真细致做好自己所面对的每一件事。正如人们常说，一粒老鼠屎坏掉一锅粥。我们也要说，我们唯有正确对待人生的方方面面，绝无疏漏，才能成就自己。

很多不在乎细节的人，总是以细节无关紧要为由开脱自己。正如古

人所说，一屋不扫何以扫天下，一个人假如连小事情都做不好，又如何能够把握全局，铺开人生的画卷呢？要想做好人生中的小事情，我们就必须养成关注细节、把握细节的好习惯。细节决定成败，我们唯有做好每个细节，才能让人生滴水不漏，获得成功。

曾经，有个女孩即将大学毕业，面临毕业论文和毕业答辩。为了提高毕业论文的通过率，这个女孩专门托人找关系，找到李教授为她批改论文。但是，这个女孩此前并没有见过李教授，她几经打听来到李教授的办公室，直接敲门问道："请问李某某在吗？"此时，李教授正在办公室里办公，不由得纳闷地抬头打量来者，毕竟从未有人敢对他直呼大名。和李教授相见后，这个女孩更是口无遮拦、大大咧咧地说："原来你就是李某某啊，我是张某某的学生，他让我来找你看下毕业论文。"毫无疑问，作为堂堂一个教授，被学生这样直呼其名，心里是何滋味。李教授当即毫不留情地说："对不起，你并不配当我的学生，接受我的指点。但凡小学生，也应该知道懂礼貌。你应该小学都没有毕业吧！"这个女孩被李教授说得脸上红一阵、白一阵，只好拿着论文悻悻地走了。

这个女孩的确不配得到教授的指点，因为她连基本的礼貌都做不到。也许她并非刻意怠慢教授，但是她的行为却严重表现了她的素质低下。很多人都以不拘小节自诩，却不知不拘小节未必是真性情的表现。任何时候，我们唯有注重细节，才能把握大局，做到最好。朋友们，不要成为一个没心没肺的人，而要成为一个内心聪慧的人。

一时的口舌之快，根本于事无补

人与人之间既是同类，也是对手，因为每个人的本性都是争强好胜，

都恨不得自己能够打败对方，获得人生的成功。即便是在语言表达上，也有很多人与他人针锋相对，寸步不让，似乎这样就能显出他们超强的能力。殊不知，一时的口舌之快，非但于事无补，反而会导致事与愿违。为此，我们必须端正心态，让自己变得心态平和，这样才能摆正自己的位置，让自己的人生更加从容地度过。

常言道，会说的不如会听的。很多人面对误解，总是极力辩解，其实很多时候与其狡辩，不如一语不发，以事实真相来为自己代言。所谓清者自清，我们即便口头上不占据上风，也依然能够获得他人的认可和尊重。有的时候，人们还会因为一时的意见分歧，导致彼此之间针锋相对、寸步不让。生活中，也的确有些人巧舌如簧、口才出众，不管是在生活中还是在工作上，都会对他人寸步不让。对他们而言，与他人争得脸红脖子粗，把别人辩驳得哑口无言，都是常有的事情。还有的人嘴巴上的功夫更厉害，简直能把错的说成对的，把死的说成活的。这样颠倒黑白的好口才，真的好吗？现代社会，我们每个人的确需要好口才，也需要提升自身的语言表达能力，但是好口才必须用到该用的地方，才能起到应有的效果。

生活不是辩论赛，不需要我们无理辩三分。生活有其自身的规则和原则，假如我们在生活中总是得理不饶人，或者是无理辩三分，那么日久天长，我们必然会因此得罪很多人，从而导致我们失去朋友，成为孤家寡人。要知道，不管是亲人朋友还是同学同事，他们只是想与我们更好地配合，团结合作，争取获得好的结果，而并非想要与我们争夺口舌上的胜利，更没有想要与我们争夺利益。很多事情并不是非黑即白的，因而生活和工作中的很多论辩也是毫无意义的。我们与其成为那个别人口中的能言善辩者，不如低调一些，哪怕在语言上让着他人几分，也没有关系。

有一位推销员，专门负责推销写字楼里使用的新风系统。为了拿下一座新建的写字楼，他已经与建筑公司谈判了很长时间。然而，每次谈判

都如同一场噩梦，他根本不像是一个推销员，而像是一个辩论者，总是与建筑公司的负责人展开唇枪舌剑。每当对方指责他的产品不够好时，他马上反唇相讥，绝不会有丝毫退让。为此，虽然他们之间已经进行了数次谈判，但是却始终毫无结果。

推销员对此感到很迷惘，他觉得建筑公司实际上是想用他的新风系统的，要不然也不至于几次三番与他谈判。但是对于谈判总是陷入僵局的问题，他没有任何思路，也不知道如何解决问题。为此，他特意求教一位经验丰富的前辈，前辈告诉他："不要咄咄逼人。"后来，前辈带着推销员一起来到建筑公司谈判，和以往一样，建筑公司再次先发制人，接二连三地提问了很多尖锐的问题，正当推销员按捺不住准备再次反唇相讥时，前辈以眼神制止了他。建筑公司的人说得口干舌燥，再加上当天雾霾比较严重，室内空气很污浊，难免使人感到窒息。等到建筑公司的人说完之后烦躁不安时，前辈突然笑眯眯地说："在这样的雾霾天气里在密闭的空间开会，再加上抽烟，空气的确使人难以忍受。安装了我们的新风系统后，这一切都会得以解决，诸位的肺也会得到更好的对待。"这时，建筑公司的人才开始认真考虑安装新风系统的问题，只用了半个小时，他们就决定签订购买协议，并且要求推销员马上安排安装。

事例中的推销员之所以几次三番推销失败，就是因为他一味地逞口舌之快，逞口舌之强，导致与建筑公司的谈判变成了一场辩论赛，根本没有人真正关心新风系统本身。如此本末倒置，对于推销工作无疑是很大的弊端。前辈之所以马到成功，就是因为他很清楚必须让建筑公司的人更多地把注意力集中在空气质量上，意识到安装新风系统迫在眉睫。

人人都有好胜心理，假如我们总是与别人以硬碰硬，一决胜负，那么我们或许能够赢得口头上的胜利，但是真正的却输掉了。毕竟我们最想得到的是圆满的结果，而不只是形式上的暂时领先。现代社会，人与人之

间的分工与合作越来越密切，不管是生活中还是职场上，人们之间难免会发生小小的误会和摩擦，这完全是合理的。有些胸怀广阔的人对于小小的不快，很快就能忘记，但是对于心胸狭隘的人而言，这些不快很容易导致心中的结。很多朋友为人处世心浮气躁，总是喜欢在口头上强占别人的上风。殊不知，忍耐是非常重要的，既然我们自身都不是十全十美，那么我们也必须学会礼让他人、宽容他人。

谣言止于智者，我们要当智者

有人的地方就有江湖，有人的地方也必然会有谣言。在人际关系课程中，学会如何处理谣言，是成功经营人际关系的第一步。曾经有机构专门对职场人士进行调研，用以研究职场人士如何看到和对待谣言的问题，最终的结果却使人啼笑皆非。在这场调查中，研究者们发现，有相当一部分上班族之所以坚持上班，就是为了每天能够进入流言蜚语的中心，从而听到更多的小道消息。这个理由真的让人大跌眼镜，也从此可以看出很多人都喜欢打探消息，探听更多的秘密，也心甘情愿成为流言蜚语传递的一环，对推动流言蜚语的迅速传播贡献自己的一份力量。

人生在世，总是伴随着是是非非。正如有句俗语说的，“谁人背后不说人，谁人背后无人说”。每个人都在努力过好自己的生活，同时也为别人的生活提供谈资。实际上，生活中并没有真正的大是大非，很多时候人们之所以表现不同，只是因为他们的选择不同而已。因此，我们完全无须以是非评判他人，当事情与我们无关的时候，我们可以在心中默默分析和评判，但是最好不要把自己的主观意见说出来。

现代社会，人与人之间的关系越来越密切。在人际交往中，几乎每

天都有摩擦和矛盾发生。我们必须记住，没有任何人能够充当评判者和裁断者，我们必须置身事外，才能给予他人更多的空间去解决自己的问题。我们不是上帝，也不是救世主，我们无法真正帮助他人，所以我们也要管好自己的嘴巴。所谓“是非终日有，不穿自然无”，我们要成为智者，让是非到我们这里截止。这样，我们就已经算是为终止谣言做出了最大的贡献。

很多人总是自以为是，觉得只要自己耐心解释，谣言的传播就会终止。殊不知，谣言是越描越黑、越传越多的。我们仅靠自己的一张嘴，根本无法真正说清楚谣言的真相。而且很多谣言具有黏性，一旦你和它扯上关系，你就会成为它的主人，遭到他人的抱怨。人生中真正的强者，总是更多地关注自己的内心，从而让自己动力满满地行走人生之路。人人都有自己的工作和事业，人人都渴望获得自己梦寐以求的成功，所以当我们做好自己的事情，走好属于自己的人生之路，从流言蜚语的中心脱身而出，也就能够远离谣言。谣言的力量是强大的，它就如同一个旋涡，一旦我们不能明哲保身，就会被拖入旋涡之中，无法自拔。所以，我们必须慎重对待谣言，绝不轻易以身犯险流言蜚语。

作为原公司的人力资源负责人，刘敏一直对原公司不满意，因而她骑驴找马，找到了一份更好的工作，去一家更有实力的公司担任人力资源负责人的职务。然而，在交接工作的一个月时间里，刘敏愤愤不平地发泄出了自己心中所有的怨愤。她不但夸大其词说了很多关于上司和同事的坏话，而且还恶意地泄露公司里很多人的薪资水平，导致同事之间相互愤愤不平，有些没有拿到高薪的同事，还对上司也产生极大的意见。可以说，一石激起千层浪。在刘敏离职之前的这段时间里，这家公司简直鸡飞狗跳，人人都心怀不满，都视同那些拿薪水比自己高的人为眼中钉、肉中刺。还有几个同事为此愤然离职，让老板措手不及。刘敏对于自己的强大

能量自然感到满意，也终于获得心理平衡，就等着去新公司报道呢！

然而，一个月之后，当刘敏做好准备，来到新公司报到时，却接到通知，被告知对她的聘用取消了。刘敏不知道自己哪里做错了，也不知道问题的根结到底在哪里，为此她想方设法打听消息。最终，她不由得追悔莫及。原来，人力资源工作对于每家公司都是很重要的，人力资源负责人更是掌握着公司的很多秘密。刘敏在离职前把老东家搞得鸡飞狗跳，早已经在业内出了名，新公司心有余悸，很怕刘敏未来在结束工作时还会故技重施，因而宁愿放弃聘用刘敏。

刘敏自作聪明，在离职之前把原公司搞得天翻地覆。殊不知，这个世界既很大，也很小，尤其是同业的圈子，有一点点的风吹草动都会闹得尽人皆知。任何时候，我们都要给自己留有后路，才能给自己留下回旋的余地，也不至于把自己逼上绝路。刘敏利用了流言蜚语的力量发泄心中的恶气，但是她也最终被流言蜚语伤害，失去了好端端的工作机会。相信她一定会从中汲取经验和教训，不会再犯这样低级的错误。

人具有极强的主观性，每个人在看待其他的人和事时，难免带有强烈的主观色彩。也许有些朋友会说，我们要做到尽量客观公正。但是实际上，客观公正并不绝对，而且即便我们再怎么努力，也无法真正站在他人的角度考虑问题。所以，我们必须管好自己的嘴巴，从而避免那些带有浓烈主观色彩的评论从我们的嘴巴里说出来。曾经有个电视台做过一个实验，即让10个人站成一个队伍，从队伍里第一个人开始，每个人都向着后一个人咬耳朵，说一句话。但是声音不能大，只能限于第二个人能听到。等到这句简单的话传到第10个人耳朵里时，已经面目全非，完全失去了本来的意思。即便10个人排队站立这样口而相处，语言都会如此失真，可想而知谣言在传递的过程中会产生多么大的变形，也由此可以想象谣言会对这个社会造成多么大的危害。我们虽然无法控制他人传递流言蜚语，但是

我们却可以更好地管理自己，让自己成为终止谣言的智者。

肆意贬低他人，只会降低我们的身份

在人与人交往的过程中，有些人很尊重他人，有些人却恰恰相反，他们会肆意贬低他人，从而间接抬高自己。殊不知，肆意贬低他人的方式，非但无法抬高我们的身份，反而会使我们给旁观者留下不好的印象，从而降低我们的身份。善于交际的人，总是尽量在朋友和同事们面前表现出自己优秀的一面，如他们会很注重自己的形象，也会凭借伶牙俐齿和良好的言行举止提升自己的格调。其实，所谓的抬高自己，也就是竭尽全力表现自己，从而赢得他人的肯定和赞美。当然，表现自己，抬高自己，原本是无可指责的，但是我们不能为了抬高自己，就肆意贬低他人。假如我们用过于夸张的方式方法抬高自己，由此给他人造成压力和伤害，无疑会使人反感。有些人还喜欢与他人比较，以高高在上的姿态小看他人，贬低他人，殊不知这样非但无法凸显我们的价值，反而会使我们表现出卑鄙龌龊的一面，遭人小看甚至是耻笑。

正如人们常说的，不要把自己的幸福建立在他人的痛苦之上，这样归根到底是不正确的。和他人比较也正是如此，当我们以自身的优点和他人的缺点相比较时，我们就是在以自身的优点贬低他人的缺点，自然无法给人留下好印象。恰恰相反，假如我们能够多为对方考虑，多多夸赞他人的优点，非但不会贬低我们自己，反而能够表现出我们的崇高形象。

张娜和刘欢一起去外地出差，准备为公司采购一批紧俏物资。到达外地之后，她们才发现外地货物紧缺，市场已经缺货，必须等至少两个月才能有货。为此，张娜和刘欢一起沮丧地打道回府，她们都很发愁如何才能

向老板交差。

回到公司，她们一起去向老板汇报工作。张娜首先把外地货源紧缺的情况向老板进行了简单说明，老板也对情况表示了理解。不想，刘欢突然对张娜说：“娜姐，要不是你那天因为贪睡，导致我们出发晚了，也许提前一个小时订货，还能找到些许货物应急呢！”听到刘欢的话，张娜马上变了脸色，她不高兴地说：“你这个人可真逗，你把这么大的帽子扣在我头上，我能戴得起吗？这本来就没有货了，跟我起床早晚有什么关系呢！”老板听到刘欢的话，马上说：“张娜，你可要虚心接受批评啊。你以后必须改正，再出差的时候要早些起床，毕竟情况瞬息万变呢！”张娜当然无法反驳老板，只能吃了这个哑巴亏，但是此后在工作中她始终对刘欢敬而远之，再也不愿意亲近刘欢了。

因为刘欢在老板面前告状，导致张娜被老板抓住了小辫子。其实，老板并不傻，他也知道刘欢是在明目张胆地推卸责任，因此对刘欢也并没有留下好印象。虽然张娜没有当场与刘欢翻脸，但是此后却疏远刘欢，不愿意再与刘欢合作，这对于刘欢而言当然是一种损失。为人处世，不管是在生活中还是在工作中，我们都要避免贬低他人。我们当然可以抬高自己，但是却要以恰当的方式。当我们肆意贬低他人的时候，我们非但无法抬高自己，反而会给他人留下不好的印象，导致得不偿失。

我们就算对一个人再怎么心怀不满，也不能以伤害他人人格的方式贬低他人，否则我们伤害的就不是他人，而是我们自己。表现自己和贬低他人虽然看起来没有太大的区别，但是期间的关系是非常微妙的，我们唯有把握好分寸，才能如愿以偿地表现自己、抬高自己，也能避免贬低他人、伤害他人。从本质上来说，通过贬低他人的方式来提高自己，是一种损人不利己的方式。我们唯有避免这样的行为，才能经营好人际关系，也才能得到他人的认可和好感。

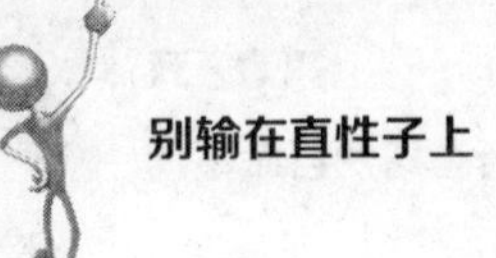

毫无节制地炫耀，只会招致他人嫉恨

每个人都爱面子，都愿意保全自己的颜面，在他人面前扬眉吐气，引来他人的羡慕。殊不知，毫无节制地炫耀，非但无法得到他人的羡慕，反而会招致他人的嫉恨。尤其是在社交场合，如果一个人总是不顾一切地抛头露面，那么他最终会因为风头太健，剥夺他人的表现机会，伤害他人的颜面，自然也就无法得到他人的喜爱。长此以往，这样的人必然会变成货真价实的孤家寡人，导致身边没有任何朋友。不得不说，这样的人生是失败的。

常言道，是金子在哪里都会发光的。虽然现代社会需要我们表现自己，展示自己，但是我们也必须有所收敛，不能肆无忌惮地炫耀。真金不怕火炼，我们的行为和表现，最终会让我们赢得他人的认可和尊重。相反，假如风头太健，却毫无用处，那么必然导致事与愿违。而且这样处处树敌的行为，还会导致我们人生的道路越走越窄。

法国大名鼎鼎的哲学家罗西法古曾经说过，假如你想得到仇人，那么你就表现得比你的朋友更加优越；假如你想得到朋友，那么你就要让你的朋友表现得比你更加优越。的确，这就是人的天性，在社会交往中，每个人都想要得到他人的肯定和赞美，而不想被别人压倒风头。所以，当我们把风头让给别人时，别人一定会变得更加自信，而且也会以高姿态表现出对我们的宽容和信任。与此恰恰相反，当我们的风头压倒别人时，别人会因为对我们的羡慕嫉妒恨，因而与我们针锋相对，甚至是暗算我们。从这个意义上来说，当我们表现得居高临下或者高人一等，我们就是在挑战他人的自尊和自信，也会导致他人对我们产生排斥和抗拒。

作为一名资深的房地产经纪人，玛丽之前有着非常辉煌的销售业绩。对此，她总是扬扬自得。虽然她中间回家结婚生孩子了，但是当她再次开

始工作来到一家新公司时，她依然表现出优越感。对于公司里的那些年轻人，她总是一副高高在上的老前辈的样子。殊不知，在她结婚生子的几年时间里，市场已经发生了变化，情况也完全不同，她有很多事情都已经落后了。为此，很多年轻人对玛丽都极其不服气。当玛丽说起自己当初怎样优秀的时候，有的年轻人甚至公然对她说“好汉不提当年勇”，在这种情况下，玛丽继续老王卖瓜自卖自夸，必然更加招人反感。

进入公司3个月，玛丽虽然很努力，但是始终没有签单。关于她的风言风语也开始流传起来。其实，如果不是玛丽当初吹嘘和夸耀自己，大家对她不会有这么高的期待，那么3个月不开单也并非难以接受的事情。但是，她偏偏一进公司就夸耀自己，因此大家对于她这样一个入职3个月都没有任何业绩的老前辈，也就未免刮目相看了。

玛丽显然不够聪明，假如她很聪明，她就应该知道她与其一进公司就高调张扬，不如先低调做人，这样至少能够给予几年没有工作的自己一个适应和缓冲的时间。但是她偏偏以老前辈自居，对年轻的同事颐指气使，而且根本不把年轻的同事看在眼里，最终却因为这样的张狂让自己颜面尽失。

没有任何人喜欢欣赏他人的张扬和高调。人人都不喜欢压力，尤其是不喜欢他人给自己施加的压力。除非我们是一个领导必须对下属从严管理，否则我们不如成为一个对他人零压力的人，这样才能与他人和谐相处、友好相伴。尤其是在职场上，各种各样的关系错综复杂，而且与同事以及上下级的关系也非常微妙和敏感。我们不管能力是强还是弱，都应该低调做人、谦虚内敛，这样才能得到他人的信任和尊重。与此同时，我们也能以实力说话，在同事之间树立自己的威信。总而言之，高调张扬是不可取的，我们必须摆正自己的位置，才能更加顺利地发展。

| 第 03 章 |

性子太“直”易被看透——保护自己，别过多透露弱点

与他人相处时，虽然直爽的性格让我们心直口快，感到浑身轻松，但是更多的时候却会泄露我们心底的秘密，使我们成为他人心目中的透明人。毫无疑问，这样的为人处世，根本不利于我们保护自己。一个真正明智的人，是不会过多透露自己的弱点，把自己完全暴露在他人面前的。

与他人交往，切不可掏心掏肺

人与人之间交往，有个临界距离。所谓临界距离，就是指人们相处的时候，不可逾越的、不能更加亲近的距离。正如我们前文所说的，距离产生美，我们只有与他人保持好临界距离，才能恰到好处地营造与他人之间的美感，才能让我们与他人的交往更加和谐顺利。细心的朋友们会发现，古今中外，大凡成功人士，都有一个共同的特点，即他们很善于与他人保持适度距离，从而为自己营造神秘感，使别人无法参透他们的内心。如果用一句歌词来表示，神秘感就是“雾里看花，水中望月”的感觉，这种感觉不那么真切，而且很朦胧，使人根本无法看透我们。这样一来，我们自然会对人们充满诱惑力，人们也会对我们充满期待感。

三国时期，司马徽告诉刘备：“卧龙，凤雏，得一可安天下。”后来，刘备通过很多途径又听说过诸葛亮的大名，但是他始终没有得见诸葛亮的真面目，因而对诸葛亮更加充满神秘感。正因为这样的铺垫，刘备后来才会带着张飞和关羽三顾茅庐。

为了请诸葛亮出山，刘备接连两次带领张飞和关羽去拜访诸葛亮。但是，他们并没有如愿以偿地见到诸葛亮，可以说是兴致勃勃地去，失望地回。我们已经无从得知诸葛亮不在家的原因和目的，也许是诸葛亮刻意为自己营造神秘氛围，也许是机缘巧合。总而言之，诸葛亮的确因此成功营

造了神秘感，对刘备更具吸引力。

在两次拜访皆没有见到诸葛亮的情况下，刘备更加憧憬着见到诸葛亮，所谓得不到的才是最好的，他更想要成功请诸葛亮下山，辅佐他成就大业。最终，刘备再次带领张飞和关羽第三次拜访诸葛亮，这才终于得偿所愿得见真人。他迫不及待地请诸葛亮出山，辅佐他成就伟业。不得不说，诸葛亮的自我营销术大获成功。和诸葛亮相比，当时与他齐名的“凤雏”庞宠的命运却截然不同。他没有和诸葛亮一样为自己营造神秘感，更没有让自己变得一将难求，而是主动投靠孙权，反而遭到孙权的厌弃。后来他又转投到刘备的门下，最初也没有得到刘备的重用，直到后来情况才略有好转。

每个人要想成就一番事业，首先要学会把自己推销出去。只有成功推销自己，我们的一切能力、水平和实力，才有机会得到展示和发挥。所以，朋友们，作为聪明人，我们一定不要把自己完全暴露出去。所谓距离产生美，所谓神秘才能产生吸引力，我们只有对别人保持神秘感，让自己对他人产生魅力，才能吸引他人关注我们，成就我们。

我们每个人要想在社会上立足，必须有城府，善于控制自己。一座冰山如果全部露出水面，就不会对船只产生威慑力。当冰山只露出一个角的时候，过往的船只反而会绕行，从而避开神秘莫测的冰山。做人如此，我们才能对他人产生威慑力，也能够增强自己的力量。尤其是聪明的朋友，如果想要得到他人的尊重，就必须保存自己的实力，掩饰自己的聪明和智慧。当然，在这个自我推销的年代，我们理应想方设法让他人知道我们。但是我们必须注意的是，知道和了解不是一码事。我们当然可以让别人知道我们，但是却不能让别人过于了解我们。所谓期望越大，失望越大，当别人对我们期望过高时，一旦我们达不到他们的期望，他们必然很失望。同样的道理，如果我们因为过于贬低自己，表现得毫无能力，那么也会导

致他人对我们失去信心，甚至放弃希望。最好的做法就是，我们要使自己变得更加神秘，也要很好地掩饰我们的实力，这样他人对于我们才会不断了解，不敢妄下定论。当我们做好这一切的时候，我们还要努力培养他人对我们的期待，从而让我们在他人的期待中逐渐展示自己，得到他人的认可和赏识。

喜怒不形于色，才能更好地保护自己

人是情感动物，每个人都有七情六欲，都会拥有喜怒哀乐等基本情绪。在生活中，不管是遇到开心的还是不开心的事情，人们的情绪马上就会表现出来。所以，有很多朋友都是喜怒形于色的，看起来率真自然，不矫饰，不造作。但是，这样真的好吗？尤其是在现代社会，人际关系越来越复杂，职场上人际交往更是微妙，倘若我们在处理事情的过程中总是毫不掩饰自己的情绪，或者表现出对他人的嫌恶，或者公然对抗他人，那么日久天长我们必然会无形中得罪人，从而招致无端横祸。一个成熟的人，一个处事圆滑的人，很清楚在有些情况下必须克制自己，隐藏自己的喜怒哀乐，才能避免伤害他人，也才能避免自己成为他人一眼就能看透的透明人。

孩子坦然表达自己的喜恶，也许会被成为天真无邪，纯真无瑕，一旦长大成人，假如我们还是不知道收敛自己，那么日久天长，我们必然因为直言不讳，招致他人的厌恶。人都是很爱面子的，不管何时，我们既要自尊自爱，也要顾全他人的颜面。唯有如此，我们与他人才能在相互尊重的基础上更好地交往。

人的天性就是喜欢听奉承的话，因而有很多人一听到他人对自己的

赞美和奉承，就会马上喜形于色。殊不知，这样一来奉承者一定会把握你的心理特点，从而对你进行糖衣炮弹式的攻击。与此相反，假如你是一个很容易动怒的人，那么一定要学会保持表面上的平静，掩饰自己的真实情绪。很多时候，愤怒并非是强者的表现，而是弱者用以自我伪装的武器。一旦我们在愤怒掩饰下的内心被他人识破，我们就像被他人抓住软肋，容易丧失理智，失去风度，从而导致彻底失败。归根结底，和一个一眼就被他人看穿的人相比，喜怒不形于色的人显然更容易震慑他人，也更能够保护自己。这个世界上并非每个人都值得我们倾心相待，我们虽然不可有害人之心，但是也要有保护自己的意识。

张坤大学毕业后进入职场，虽然专业知识很扎实，能力也很强，但是在工作5年之后，与他同时进入公司的新人都得到提拔和晋升，唯独他依然原地踏步。对于自己在工作上的表现，张坤是很满意的。因而，他百思不得其解自己为何始终没有得到提拔。

有一天，部门开月度大会，上司要求每位下属都对自己前一阶段的工作进行总结。轮到张坤时，张坤正好抓住这个机会好好地老王卖瓜自卖自夸一番。不想，上司对于他的自我评价不以为然，说："张坤，我觉得你对自己表扬有余，批评不足。一个人要想有进步，必须具有自我反省的意识，才能及时发现自己的缺点和不足，取得进步。"听到上司的话，张坤脸色陡变，很不高兴地说："既然您始终看我不顺眼，那么不如您给我指出缺点和不足吧，您一定不费吹灰之力就能说出很多。"听到张坤的话，全场哗然，上司也觉得脸上挂不住，但是上司却忍住了这口怒气，转移了话题。后来，上司随便找个了理由就把张坤辞退了。

在这个事例中，张坤最大的错误就在于喜怒形于色，而且言辞犀利，当着所有同事的面没给上司留面子。其实，有些话放在心里，找个合适的机会私底下说，会比在公开场合说更好。职场上的人际关系非常复杂，而

且很微妙，我们必须用心处理，才能避免失误。张坤为了逞一时口舌之快导致失去工作，这个结果显然也不是他希望得到的，但却悔之晚矣。

现代社会，不管是在现实生活中还是在工作中，我们如果毫无保留地表现自身的情绪，那么就会被他人一眼看透。如此一来，还如何通过高深莫测和掩饰伪装自己呢！人们常说，当敌明我暗的时候，我们很难保护自己。不让自己喜怒形于色，恰恰就是把自己放到暗处，从而争取到更多斡旋的机会。尤其是年轻的职场朋友们，千万不要一时冲动，否则不但会表现出自己肤浅的一面，还会因为各种各样的原因导致自己陷入被动。

只有内心脆弱的人，才用愤怒掩饰自己

前文说了我们要学会合理控制情绪，不要喜怒形于色，从而更好地掩饰自己，以免彻底被他人看穿。这里，我们还要提醒诸位读者朋友，在诸多需要掩饰的情绪中，愤怒是最不应该表现出来的。虽然生活中总是有些使人不愉快的事情导致我们情绪激动，也会惹得我们生气，但是我们必须学会合理控制自己的怒气，从而避免因为愤怒把小事变大，把大事变得不可收拾。这样一来，我们非但无法成就人生，反而会因为愤怒导致事与愿违。

古人云，怒大伤肝，由此可见愤怒对于人身体的健康会产生极大的损害。其实，很多人以为愤怒能让自己变得像老虎或者狮子一样吓人，这种说法是错误的。愤怒非但无法让我们产生威严，反而会使我们被聪明者识破，意识到我们只是不堪一击的纸老虎，最终觉察我们只有靠愤怒才能掩饰内心的脆弱。毫无疑问，这样的结果完全违背了我们的初衷，导致事与愿违。

当然，愤怒是一种正常的心理反应。很多人一旦生气，或者受到外界刺激，本能地就会发怒。所以，对于这样条件反射性的反应，我们要想克服显然不容易。人不但有思维有理性，而且也受到情感的支配，受到情绪的影响，因而我们必须发自内心意识到愤怒根本对解决问题无济于事，而且还会导致事与愿违。所以，我们必须真正变得强大起来，才能用愤怒掩饰自己，才能保持冷静和理智，更加圆满地解决问题。

作为一家电器公司的客服人员，艾琳每天不知道要接到多少个客户的投诉电话，遇到礼貌的客户还能正常交流和沟通，遇到不懂礼貌又居高临下的客户，艾琳难免会受到许多冤枉气。

有一天，艾琳接到一个客户的电话，这个客户是大客户，从艾琳公司购买了很多空调，安装在办公室和厂房里使用。这个客户投诉空调制冷效果不好，而且发出的声音很大。在电话中，客户怒气冲冲，恨不得通过电话线就让艾琳向他赔礼道歉、低头认错，完全是气势汹汹的模样。对此，艾琳始终保持柔声细气、彬彬有礼的语调，耐心和客户沟通。好不容易平息客户的怒气，艾琳还承诺次日会带着技术部人员早早地去客户公司检查空调的情况，从而给出客户满意的解决方案。

次日，当艾琳带着技术部人员特意赶去客户公司时，客户一听说空调的售后人员来了，马上又满脸怒气。这时，艾琳告诉自己：“我的当务之急是让客户恢复平静，所以不管他说什么，我都要面带微笑，争取成为他的灭火器。”在客户喋喋不休地抱怨空调质量问题时，艾琳没有进行任何辩解，而是始终面带微笑地听着。说着说着，客户也不好意思继续指责艾琳了，他当然也很清楚空调质量问题不关艾琳的事情，而是制造空调的人导致的。为此，他在酣畅淋漓地诉说之后，情绪渐渐恢复平静。这时，艾琳才请求他允许技术部人员检修空调。后来，技术部人员很快发现了问题所在，原来客户安装空调时有一点小小的问题，只要略微调整下，就可以解决问题。在处理完问题并且经过客户检验空调达到正常水平后，艾琳还非常有礼貌地对客户说："很感谢您及时发现空调存在的问题，及时向我们反馈，也帮助我们提升空调质量和服务质量。"听到艾琳的话，客户不好意思地说："你们解决问题也很及时，如果有需要，我还是会继续购买你们的空调。"

客户之所以发怒，一则因为空调出现质量问题，二则他也担心空调的售后服务跟不上，所以特意以怒气引起艾琳对于问题的重视程度。从内心深处来说，客户是有担心的，也并非真正如同他的怒气表现出来的那么强大。艾琳恰恰看穿了客户的心思，也知道客户最终的诉求，因而以隐忍的态度最终圆满解决问题，给予客户更多的面子，也让客户得到了发泄。这样一来，客户在问题得到解决之后，自然会对艾琳感到非常满意，对于空调的印象也变得好起来。

当我们自己感到愤怒的时候，我们一定要说服自己保持冷静和理智，这样我们才有时间让自己恢复情绪的平稳，从而避免因为愤怒做出冲动之举。当我们面对愤怒的他人时，我们唯一能够帮助对方恢复平静的方法，就是静静地倾听对方的诉说。这样对方才能把心中的怒气发泄出来，所以引起他们愤怒的问题如果不是大问题，那么他们在发泄完之后也就不会再继续对问题揪着不放了。适当的沉默，能够帮助我们给他人留下宽容、理解和体贴、尊重的良好印象，这样一来问题自然更容易得到解决。一切人际交往的高手，都很善于应对紧急的情况，也知道自己应该处变不惊，表现出宽容大度。因而，朋友们，如果我们想要提升自己，就要在平时就注意培养自己处变不惊、镇定从容的气度和能力。这样一来，在面对危急的情况时，我们才能做到从容以对，泰然处之。

让我们用微笑掩饰内心的苦难

人生不如意十之八九，人生路上，每个人都不可能一帆风顺。那么面对人生的诸多坎坷、挫折和磨难，我们是愁眉苦脸，还是改变一种表情，点亮自己的心情呢？感性的人也许会选择前者，毕竟没有人面对苦难会是快乐的。但是理性的人在经过思考之后一定知道，就算我们整日哭泣，愁眉不展，也没有办法改变现状。相反，我们还很有可能因为过于沮丧绝望，导致无法做出及时的应变，这样一来，事情反而更容易朝着糟糕的方向发展，使我们事与愿违。所以，聪明的朋友不会哭对困难，而是始终保持微笑，以微笑来掩饰自己内心的苦难，从而让自己的人生充满阳光。

婴儿从刚刚生下来就会微笑，微笑是人类特有的本领，也是人在心情愉悦时的本能反应。正如树木受伤时会流出汁液，动物受伤时也会因为痛苦而悲惨地嘶鸣一样，人类具备微笑的天赋，也是为了能够随时随地地绽放笑颜、点亮人生。

笑声，是人生最好的点缀，有了笑容的点赞，我们的人生会更加美好。曾经有位作家说，我们要用笑声点缀人生，要用笑声照亮人生的黑暗。的确，不管人生多么难熬，我们都要用笑声驱散人生的阴云，从而给我们的人生带来更多的美好。

出生于浙江宁波的桑兰，12岁就进入国家体操队，16岁获得全国全国跳马冠军。17岁那年，她准备参加第四届美国友好运动会，却在赛前进行训练时出现意外，导致严重摔伤。她在跳马时头部着地，导致颈椎骨严重受伤，胸部以下高位截瘫。从此，她的人生从为国争光的“跳马王”变成了高位截瘫的重度残疾者，可谓落差巨大。

正值人生花季的桑兰，面对人生的沉重打击，从昏迷中醒过来之后，她就没有掉眼泪。当伤情稳定出现在公众视野中时，她更是保持微笑，从

容面对人生的新境遇。她虽然也痛苦过、绝望过，尤其是在得知自己再也不能跳马之后感到彷徨和迷惘，但是她能够积极主动地调整好自己的心态，从而让自己从容应对人生的磨难。经历这场打击，桑兰变得更加成熟，也更加平和。她很清楚，她无法改变命运，只能微笑着迎接命运。她的人生目标从为国争光变成了实现自理。平常人很容易就能做到的事情，对于高位截瘫的桑兰而言，变得无比艰难。她咬牙坚持锻炼，只为了自己能够早日摆脱依赖他人，从而自主地完成穿衣洗漱等日常活动。

在能够基本自理之后，她还求知若渴，于2002年考入北京大学新闻系，专心致志地攻读学士学位。她身残志坚，在北京大学全力以赴地学习，掀开了人生的新篇章。后来，她更是作为公益大使做了很多对社会有益的事情，而且还从事体育报道工作。如今的桑兰，不但成功度过人生中最难熬的阶段，而且还拥有了幸福的婚姻，拥有了活泼可爱的儿子。曾经有人问桑兰成功的道路有多远，桑兰回答，人生永远，微笑永远……

对于正处在青春花季的桑兰而言，没有任何打击比失去自由，把人生禁锢在轮椅上更加残酷。哪怕是一个普通女孩都无法接受这样的致命打击，更何况是作为“跳马王”的桑兰呢！她曾经是运动场上的精灵，如今却不得不被禁锢在轮椅上，黯然度过自己的人生。不得不说，桑兰能够坦然面对这一切，微笑着战胜随之而来的一切困难，她的勇气和顽强毅力值得我们每个人钦佩。

任何时候，失望沮丧和绝望都无法解决我们人生中的难题。当我们万念俱灰地放弃之后，当我们歇斯底里地发泄之后，我们除了变得更绝望之外，还能有什么好的改变呢？但是难题却依然存在，我们还必须面对。与其这样让负面情绪耗尽我们的能量，不如勇敢面对人生，积极解决问题，以微笑驱散我们人生中的阴霾，让我们的人生在阳光普照中柳暗花明又一村。

找到机会，让别人记住你

现代社会，大学生已经不再炙手可热，这是因为随着现代化大学教育的普及，每年毕业的大学生越来越多，因而大学生已经不再奇货可居。这样一来，年轻人从大学校园走出来之后，如果依然想凭着大学文凭找到好工作，就会显得非常艰难。哪怕已经进入公司，大学生如果没有杀手锏，也是很难在诸多同事中突出的。这就要求我们除了要做好本职工作之外，更要想方设法突出表现自己，让他人尤其是上司记住自己，这样一来，我们会得到更多的机会，职业发展生涯也会更加顺遂，步步高升。

虽然人们常说，是金子就不会被埋没的，酒香不怕巷子深。但是我们必须留意到，如今的社会环境与当时的人们说出这种俗语的社会环境已经完全不同。曾经闭塞的社会环境，使得伯乐必须四处奔波寻找千里马，甚至为找不到千里马而感到烦恼、忧愁。但是现代社会，千里马总是主动送到伯乐面前，寻求伯乐的赏识，那么伯乐还会绞尽脑汁四处发现千里马吗？伯乐只会坐在家里等着千里马送上门来。人才社会也是如此，那些需要人才的人对于送上门的人才都用不完，又怎么会主动赏识埋没至深的人才呢？所以，在当今社会，一个人如果不懂得推销自己，一定会导致被埋没，也会导致没有机会表现自己。

任何工作，前提都是要把自己推销出去。推销行业的工作就不用说了，作为推销员，我们必须首先把自己推销给客户，才能赢得客户的信任，让客户主动购买我们的产品。即便对于普通工作而言，我们也必须在面试的过程中首先把自己推销给面试官，才能得到面试官的赏识，得到面试官的聘用。因而，我们必须抓住每一个机会展示自己，这样才能最大限度给他人留下深刻的印象，让他人记住我们。

小连大学毕业后辗转几家公司，始终没有找到合适的工作。直到进

入一家二手房经纪公司，他才觉得找到了自己喜欢的工作。他每天工作的时候都开开心心的，非常欢喜。也许是每个人都有适合自己的行业吧，小连简直后悔自己没有早一些换工作，找到如今自己做起来如鱼得水的这一行。

小连很想在这个行业出人头地，为此，他趁着年会的机会，决定要让自己一鸣惊人。他主动报名参加年会，而且对自己的节目保密，不告诉同事。等到正式召开年会的那一天，他走上舞台，进行了超滑稽的表演，逗得在场的同事、上司和老板全都哈哈大笑。虽然有些同事说他像个小丑，但是他丝毫不觉得，他一心一意只想引起老板和上司对他的注意。就这样，在爆笑全场后，小连果然如愿以偿，给每个人都留下了深刻的印象。后来，小连在工作上取得小小成就后，就开始不断通过内部晋升渠道表达自己晋升的意愿，而老板一看到他的名字，就联想起他当时在年会上的表演，因此内心里不由得觉得他亲近了很多。

小连原本是个默默无闻的新人，借助于年会的机会给老板和上司留下了深刻印象，因而得到了老板的赏识，可以预见他未来的职业生涯发展将会很顺利。虽然酒香不怕巷子深，真金不怕火来炼，但是现代社会我们必须学会自我推销，抓住每一个露脸的机会，让自己得到他人的认可和赏识。好机会总是转瞬即逝，尤其是在机会到来的时候，千万不要因为犹豫不决，错失机会，否则再想得到机会就很难了。

当然，也许有些朋友会觉得自己无法把握住每一次机会，甚至抓住了机会也未必百分之百能够获得成功。但是，现实情况机不可失，失不再来，我们必须坚决果断，哪怕在失败中汲取经验和教训，也不能眼睁睁地看着机会溜走。如今有很多知名的明星都想方设法提高自己的知名度，他们会时不时地爆出绯闻，就为了在公众面前的出镜率更高一些。曾经有人说出名要趁早，我们也要说，露脸要趁早。唯有让每一个人记住我们，我

们才能深入每一个人的内心。尤其需要注意的是，我们还要主动出击给他人留下印象，这样才能掌控大局，操控全局。

有时候，必须老王卖瓜自卖自夸

常言道，疾风知劲草，烈火炼真金，乱世现英雄。平常的日子里，每个人都按部就班地生活，人与人之间也并无太明显的区别。然而，一旦遭遇危急时刻，高下立见。真正的强者，会抓住机会勇敢表现自己，从而出类拔萃，走入人们的视野。相反，那些在困难面前畏缩的人，则很难走入人们的视野，更无法担当大任。所以，聪明的朋友们，一定知道要学会自夸，学会表现，并且抓住危难的时刻勇敢表现自己。

现实生活中，有很多人都很低调，还在遵循着谦虚做人的原则。实际上，过度谦虚并非是好事，反而会使我们错失很多机会，导致自己被埋没。尤其是现代职场，很多人如果不能抓住机会表现自己，夸赞自己，就会默默无闻，无法得到他人的赏识和赞赏。当然，这一则是因为他们缺乏自信，二则是因为他们太谦虚。人们常以“老王卖瓜，自卖自夸”形容某些人，实际上这并非不是一种好的自我推销的方法。此外，在与同事或者上司相处的时候，我们也应该把思想放得活络一些，这样我们才能避免过于木讷，也不会因为畏缩导致失去与同事套近乎或者在上司面前表现的机会。

现代职场，人才济济，竞争异常激烈。我们要想尽早跻身于强者之列，给自己争取到更大的发展空间，就要学会自夸。否则，上司既不是我们肚子里的蛔虫，也不是我们的知心人，如何能够得知我们的真实能力和内心渴望呢！所以，自我推销是非常重要的。退一步而言，哪怕过于夸大

自己，也比过于谦虚更好。毕竟过于夸大自己还有希望得到机会展示自己，但是过度谦虚则只会导致我们被埋没，永远没有出头的日子。归根结底，一个人只有才华，是很难在现代社会立足的，我们必须在千载难逢的好时候抓住一切机会表现自己，才能让自己尽早被赏识，也才能尽早表现自己的实力和能力。而且，在经济飞速发展的今天，一切都以效率为准，我们如果深藏不露、忸怩作态，上司是不可能有时间与我们玩捉迷藏或者猜谜语的游戏的。我们必须更加坚决主动，才能在激烈的竞争中率先走入关键人物的视野，抢占先机。

小凯进入公司已经5年了。在这5年的时间里，他工作上兢兢业业，也的确做出了一些业绩，但是却始终没有得到提拔和晋升。眼看着很多比他晚进入公司的人都得到了好机会晋升，他却总是原地踏步，他心里也很着急，但是绞尽脑汁也不知道问题出在哪里。

前段时间，小凯作为经验丰富的技术人员、小组里的技术骨干，和几个同事一起完成了一项很重要的项目。和以往一样，小凯不愿意找上司汇报工作成果，因而让小组里一个能说会道的同事担当汇报工作的大任。那个同事当然很愿意面见上司汇报工作，毕竟主动权掌握在他的手里，他完全可以多多在上司面前表现自己，把自己在完成项目过程中的功劳说得更大一些。果不其然，没过几个月，公司内部调整，这个同事顺利得到上司的推荐，得以晋升。小凯实在忍不住，对着自己一个在其他公司当人力资源主管的同学诉苦和抱怨。在得知事情的原委后，老同学不由得责怪小凯：“你得不到晋升，完全怪你自己。”小凯不知所以，老同事接着说：“你想想啊，这5年的时间都被你浪费了。作为新人，你低调做事当然是可以的。但是作为老人，而且你还承担了完成项目的主要工作，你为何不能去向上司汇报工作呢！所谓干得好不如说得好，你呀付出那么多，却被别人得了成果。你要是继续这样下去，早晚有一天你会后悔的。”同学的话

让小凯陷入深深的沉思，他觉得同学的话很有道理，因而痛定思痛决定改变自己。

现代职场不需要老黄牛，因为人才实在太多，每个人都挨挨挤挤地想凑到上司面前表现自己，所以上司根本无暇注意到老黄牛。一个人要想在现代职场出人头地，必须进入上司的视野，而且要在勤奋工作之余，想办法在上司面前为自己表功。正所谓"干得好不如说得好"，很多时候的确如此，干得再好，也不如好好向老板汇报工作，抓住机会在老板面前推销自己，夸赞自己，来的效果显著。为此，我们必须向很多职场人士阐明一个误区。很多职场上的朋友不愿意与上司打交道，只想踏踏实实做好自己的分内之事，也不愿意向上司汇报工作。殊不知，在你们推掉向上司汇报工作的机会时，你们也就把晋升的机会让给了别人。所以，再得不到晋升，也就不要莫名其妙地抱怨了。

现实职场上，很多人只会对上司拍马溜须，而不敢对上司提出自己的意见或者建议。这样做，虽然避免了得罪上司，但是也使自己变得毫无特殊之处。在这种情况下，我们与其成为无为的中庸之辈，不如保持自己的主见和特色，给上司留下深刻的印象。

抱怨，只会让机会远离你

成功者和失败者最大的区别在于，成功者面对失败和挫折的时候，会反思自己，努力提升自己，从而让自己拥有更多的机会东山再起。但是失败者呢？他们只会自哀自怨、自暴自弃，导致自己心情沮丧，也使自己形成负能量的气场，吓跑很多机会。人生不如意十之八九，谁在人生之中能够一帆风顺呢？我们只看到成功者表现出来的光环，却没有想到成功者在

面对人生的困境时付出的巨大努力。

其实，从心理学的角度而言，那些焦躁不安的情绪只会导致我们更加心烦意乱，而对于我们解决现实中的难题没有任何帮助和好处。很多天真的职场人士总是喜欢抱怨，不敢向上司抱怨，就向同事抱怨，最终导致自己负能量爆棚。这些抱怨的话传到上司耳朵里，必然会给上司留下坏印象，在向同事抱怨的同时，还会把负能量传递给同事，日久天长必然导致同事也敬而远之。所以不管从哪个方面来看，在职场上养成抱怨的坏习惯都是有百害而无一利的。最终，也许把那些不值一提的所谓挫折和磨难闹得尽人皆知，反而败坏了我们自身的名誉。所以，聪明的朋友们，千万不要抱怨，与其在抱怨中浪费生命，不如把宝贵的时间节省下来用于努力提升自己。真正的强者，总是在不断地进步，哪怕面临人生的逆境，也绝不放弃。

大学毕业后，对新工作满怀憧憬的林倩和张丹刚刚到任职的学校报到，就觉得很失望。原来，学校为她们提供的宿舍条件甚至不如她们的大学宿舍，想到自己最美好的青春年华就要蜗居在这样的宿舍，她们不由得沮丧起来。但是很快张丹就调整好了自己的情绪，她很清楚，她没有退路，只能勇往直前。她也安慰自己：只要我很努力，这些条件很快就会得到好转的。与张丹相反，林倩却始终没有停止抱怨。尤其是真正开始上课之后，林倩觉得办公室里都是年纪很大的老师，非但与她们这些年轻人没有共同语言，而且都不苟言笑，导致办公室的气氛异常压抑。面对那些半大不小的初中生，林倩深切感受到教师绝不是美丽的职业，尤其是当遇到那些熊孩子故意捣蛋的时候，她更是歇斯底里，完全控制不住自己的脾气。

渐渐地，张丹因为心平气和地面对工作，经常请教那些老教师教学经验，也在课余提升自己的学历和教学技能，对待学生更是耐心、细致、认

真，在一两年之后就成为一名非常优秀的青年教师。这次，学校里有去美国进行交流学习的机会，虽然只有一个名额，但是校长给了积极上进的张丹。而林倩呢，心中充满抱怨，一找到机会就肆无忌惮地在办公室里说各种牢骚话，而且对待工作三心二意，最终成为坏学生不害怕、好学生害怕的末流老师。最终，她在张丹把工作做得风生水起的时候，被校长在合同到期之时解聘了。

进入学校之初，张丹和林倩的起点是完全相同的，甚至她们对于学校的第一印象也是相同的。但是，张丹马上调整心态，积极面对工作，林倩却始终活在抱怨之中，导致工作上毫无成就，最终也完败张丹，失去到美国交流学习的机会。哪个年轻人在涉世之初就非常顺利呢？尤其是刚刚走出大学校园的年轻人，更是会因为现实和理想差距太大，导致对现实感到失望。然而，失望的情绪并不能改变什么，反而会影响我们的心情，所以积极乐观的朋友会马上想通其中的道理，从而在适当的时候调整自己的心态，不抱怨，不牢骚满腹，心平气和地面对人生。

抱怨，还会使我们的机会越来越少。人是有气场的，只有正能量的气场才能吸引来更多的机会，负能量的气场只会使我们远离机会，失去机会。任何时候，作为聪明人，不管在生活中还是在工作中遇到任何困难和挫折，我们都要避免肆意抱怨，否则我们非但无法解决问题，还会使问题更加糟糕。朋友们，打起精神迎接机会的到来吧，当我们满面微笑，当我们阳光灿烂，相信我们会迎来更多的机会。

| 第 04 章 |

张嘴闭嘴有学问——“心直”可以，但“口快”的确要不得

每个人都有一张嘴巴，这张嘴巴除了吃饭喝水和呼吸之外，最大的作用就是说话。在这个世界上，除了聋哑人，每个有语言表达能力的人，都要依靠嘴巴来与他人之间实现交流和沟通。当然，嘴巴距离我们的脑袋是很近的，但是我们不能因此就不假思索地说话，完全“心直口快”。人生中的很多情况都非常复杂，面对简单的情况，我们当然可以随心所欲地说，但是面对复杂的情况，我们必须仔细斟酌和考量，才能避免自己口无遮拦，说完话之后又追悔莫及。所以，我们可以心直，但是不能口快，这样才能谨言慎行，避免祸从口出。

快言快语就像刀子，伤害他人和自己

《论语》中曾经有过记载，意思是一个人假如质朴胜过文饰，就会导致非常粗野；假如文饰胜过质朴，又会变得虚浮；只有质朴和文饰相得益彰，才能成为真正的君子。这句话告诉我们，一个人如果心直口快，过于直爽，就变显得非常粗俗。生活中，很多朋友以自己性格直爽、心直口快为由，总是不愿意收敛自己的任性。也许身边的亲人朋友会包容我们的脾气秉性，但是一旦走入社会，那些不相干或者是关系一般的人，诸如同事、普通朋友，甚至是陌生人，还会如此包容和纵容我们吗？最终，那些心直口快的话不但会变成锋利的刀子刺伤他人的心灵，也会因为他人对我们的嫌恶，最终也给我们的生活带来很大的伤害，造成很大的阻碍。因此，我们必须杜绝快言快语，这样才能避免伤害他人，也才能更好地经营人际关系，让我们的生活和工作更加顺遂如意。

如果以比喻来形容，快言快语就像是一把锋利的刀子，而且是双刃的。尤其是不加掩饰地说话，更会给他人带来无法挽回的伤害。很多朋友也许认为，说话说错了没关系，只要自己说话当时感到痛快，等到过后再道歉就好。殊不知，说出去的话，泼出去的水，我们再怎么努力，也无法挽回语言带给他人的伤害。

一般情况下，说话快言快语的人比较富于正义感，思维敏捷，口齿清

晰，所以语言瞬间的爆发力很强。与此同时，语言的杀伤力也很强。要知道，不管我们的初衷多么好，我们一旦语言上使他人受到伤害，他人是一定会讨厌和记恨我们的。同样一句话，会说的人说得人笑，不会说的人说得人跳，我们如果能够改变一种方式，把话说到他人的心里去，为何偏偏要得罪人呢！要知道，人脉资源是现代社会最重要的资源，值得我们非常珍惜。所以，我们要学会委婉曲折地说话，让话变得更加动听，也能够打动人心。

公元前266年，赵惠文王去世，年幼的太子登基，其母亲赵太后掌权。秦国趁着赵国危难之际发兵攻打赵国，无奈之下，赵国只好求救于齐国。齐国同意发兵援救，但是条件是让长安君去齐国当人质。赵太后最宠爱小儿子长安君，因此坚决不同意。为了赵国的安危，群臣纷纷劝谏，却触怒了赵太后。赵太后怒气冲冲地说：“假如再有人劝说我同意让长安君去齐国当人质，我就要用唾沫唾他！”这时，左师触龙正好进宫拜见赵太后，为此赵太后的火气全都撒到触龙身上，恨不得用眼神杀死触龙。

触龙当然知道情势危急，但是他也很清楚不能强求赵太后。只见他步履沉稳地走到赵太后面前，说：“太后，请您原谅臣。臣有腿疾，所以走不快。虽然臣很久没来拜见太后，但是臣始终牵挂太后。”这时，赵太后说：“我也得依靠车子代步。”触龙问：“您最近饮食如何？是否有所减少呢？”太后说：“勉强喝点儿粥罢了。”触龙开始放松地和太后拉家常，太后渐渐感到轻松，对触龙的警惕心理也渐渐减弱。

触龙说：“臣已经老了，臣的小儿子还小，所以恳请太后让他进宫当侍卫。”太后当即答应了，问：“他多大了？”触龙回答：“他15岁。臣想在离开人世之前，把他交给您。”太后又问：“男人也特别偏爱小儿子吗？”触龙回答：“男人比女人更偏爱小儿子。”太后笑着说：“当然是女人更疼爱小儿子。”借此机会，触龙提起长安君的事情，对太后说：

“父母疼爱子女，一定要为子女的长远考虑和谋划。假如您真的疼爱长安君，您一定要提前为长安君谋划，让他为国家建功立业。否则一旦您去世，长安君就会无法立足赵国。”听到触龙的话，太后陷入沉思，后来才对触龙说：“你安排长安君吧。”就这样，在触龙的安排下，长安君乘车带领诸多随从，去了齐国当人质。当即，齐国派出援军，帮助赵国击退秦国的进攻。

假如触龙在想要说服赵太后之时，也和其他大臣一样直言进谏，那么非但无法起到良好的效果，反而会导致正在气头上的赵太后对他极度不满，甚至还会伤害他的性命。幸好触龙说话并不是直来直去的，而是能够委婉曲折地从自身为小儿子考虑的事情出发，循序渐进地和赵太后说起长安君的问题，从而水到渠成地说服赵太后及早为长安君考虑、谋划。这样一来，触龙非但解了赵国的危难，也保全了自己，更打开了赵太后的心结。

很多时候，委婉含蓄的表达比快言快语的效果好得多。一则委婉含蓄的表达方式能够表现出说话者的涵养和修养；二则委婉含蓄的表达方式能够让听话者心平气和地倾听、理智地思考；三则委婉含蓄的表达方式比较温和，更容易让听话者接受。假如我们在使用委婉含蓄的方法表达时，再设身处地地为听话者着想，从更容易被听话者接受的角度出发阐述问题，那么表达和说服的效果一定会更好的。

三思而后言，才能避免祸从口出

天下大旱的时候，有只乌龟眼看着就要干死了，为此它央求大雁带着它去其他地方寻找水源。大雁用嘴巴衔起乌龟，开始奋力扑扇翅膀朝着

远方飞去。半途中，乌龟看到地面上的城市，忍不住问大雁：“地上的这座城市叫什么名字？我们可以停下来去看看吗？”大雁正辛苦地飞着呢，原本对于乌龟的疑问不以为然，但是它又很想表现出自己的见多识广，最终张开嘴想要回答乌龟的问题，却没想到乌龟从高空坠地，被摔死了。与其指责大雁不应该张开嘴回答问题，不如说乌龟没有把自己的安危放在心上，引诱大雁说话，所以导致咎由自取，坠地身亡。

虽然这只是一个寓言故事，却告诉我们一个道理，很多祸患都是因为嘴巴引起的，而不是因为人的双手或者双脚。的确，我们每个人都应该管好自己的嘴巴，这样才能避免因为说了不该说的话而导致严重的后果。否则，哪怕我们追悔莫及，也无法使时光倒转，也无法改变我们曾经因为轻易张开嘴巴、口无遮拦，产生恶果的事实。尤其是在现代社会，每个人都非常敏感，人与人之间的关系也错综复杂，我们更是应该三思而后言，才能避免祸从口出。

很久以前，有个才子不但仪表堂堂，而且才华横溢。原本，他凭借自己的能力完全可以获得巨大的成就，但是他生性放荡，桀骜不驯，经常以自己的才华嘲笑他人，最终他非但没有任何成就，反而因为口无遮拦得罪了人，被发配到战场上。事情的原委说来可笑，但是引发的道理却惹人深思。

有一天，才子来到闹市，看到有位年轻美貌的女子迎面向他走来。为此，他当即灵机一动，作诗道：“来了一女子，移步生莲花。金莲这么小……”在那个时代，是以三寸金莲的大小衡量女子是否美丽的，为此女子不由得驻足细听，想听到更多的赞美之词。没想到才子突然想捉弄姑娘，因而继续说：“横量。”听到才子笑话自己的脚大，姑娘气愤不已，一纸诉状居然把才子告到县衙了。县太爷当即召来才子问询，出于爱才的心理，县太爷原本只想警告才子，让他略加收敛，因而命令他七步成诗，并

且向女子道歉。才子才华横溢，当然没把县太爷的要求放在眼里，只见他略微沉思，就走了三步，并且沉吟道："古人叫东坡，今人叫西坡（县太爷名叫郑西坡），这坡又那坡……"原本，县太爷听到才子把他与苏东坡相提并论，心中正在暗自窃喜呢，不想才子突然话锋一转，说："差太多！"

这样的语言大转折，显然让县太爷愤怒不已，而且丢了面子。为此，县太爷当即下令："充军，发配襄阳！"才子遭此噩运，从小把他抚养长大的舅舅特意赶来为他送行，并且责备才子："你呀你呀，从小顽劣，如今终于闯下大祸，我简直无颜见你死去的爹娘啊！"才子也懊悔不已，涕泪横流地说："充军去襄阳，比舅如爹娘，两人都流泪……"舅舅听到才子把自己当成爹娘，因而更加心疼才子，不想才子突然说："只三行！"听到这话，舅舅气得含着眼泪扭头就走。原来，舅舅是个独眼，一生之中最忌讳他人提起这件事情，偏偏这个才华横溢的外甥戳了他的心窝窝。

才子说话口不择言，最终因为一件小事情，导致自己被充军发配襄阳，从此前途难料，生死不卜。古人云，君子慎言，祸从口出。这句话就是在告诫我们，人生在世，必须谨言慎行，才能避免因为失言给自己招来祸患。与此恰恰相反，假如一个人总是口不择言，那么除了伤害他人之外，还会让自己陷入尴尬和难堪之中，甚至给自己招致严重的后果。

在与他人交往的过程中，我们难免要与他人打交道。那么一定要注意，在与人进行语言交流时，千万要谨言慎行。有些话如果拿不准，宁愿在心里多琢磨一下，也不要口不择言地随便说出来。每个人都有脑袋，就是为了思考之用，说话更是要过过脑子，才能避免祸从口出。所谓言多必失，有的时候我们还要避免说话，在没有把握的情况下，我们说得越多，错得也就越多，反而更容易被他人抓住把柄。现代社会，我们要想在不同的场合针对不同的说话对象合理表达，就必须更加用心思考，选择和组织好语言，这样我们才能经营好人际关系。

争论毫无意义，宁可避免

生活中，很多人的成长背景、教育经历、各种人生观点等都完全不同，这就直接导致人与人之间在很多意见或者看法上都会存在不同。实际上，这种不同的存在是理所当然、天经地义的，我们既无权要求别人的各种观点一定要同我们一样，也无须强迫自己一定要与别人保持一致。所谓求同存异，或者保持个性，都是很好的选择。遗憾的是，总有些人喜欢与他人争执。他们常常为了一个小小的问题或者观点，就与他人争得脸红脖子粗，大有针锋相对之感。人生中真的有那么多的问题需要争辩吗？聪明的朋友会发现，很多人之所以活得不快乐，就是因为过于斤斤计较，既无法原谅自己，也无法原谅别人。这样一来，还谈何洒脱和快乐呢！

喜欢争论的人，总是非常看重争论的结果。他们觉得把别人辩驳倒，似乎是一件很有成就感的事情。实际上，哪怕口舌上占了上风，也未必意味着胜利。相反，假如我们因此给人留下咄咄逼人、不够宽容和善良的印象，反而得不偿失。反过来说，假如我们被对方驳倒，也未免会觉得失去面子，陷入尴尬。从这个角度而言，很多时候争论都是一把双刃剑。无论输赢，都会对我们造成伤害，也会给他人带来不快。假如我们争论的问题无关紧要，我们不如就不要争论。没有那么多的问题都涉及原则，也没有那么多的问题都是不容退让的。所谓退一步海阔天空，我们唯有适当退步，才会给予自己的人生更加开阔的天地。

在战场上，人们常常以兵不血刃来形容那些战术高超的将领。其实，争辩又何尝不是一场没有硝烟的唇枪舌剑呢！和费尽口舌地争论获得胜利相比，不争论，但是以和平友好的方式征服他人的心，这才是真正的征服。

此外，生活中有些争论是毫无意义的。诸如我们和一个不如自己的人争论，从某种意义上来说无形中降低了我们的身份；我们和别人争论一个

显而易见的问题，哪怕我们是对的，我们也是失败了，因为我们毫无意义地浪费了自己的宝贵时间；我们因为与人争长论短，虽然赢得了争论，但是却伤害了他人的颜面，导致树敌，可谓得不偿失……总而言之，我们要珍惜宝贵的生命和时间，也要把我们有限的精力用在值得的事情上，这样我们的争论才更加有意义，我们的人生才更加充实。

聪明的人尽管与人争论，却不想改变他人的想法。一则如果他人坚持己见，我们无论多么巧舌如簧，都无法达到目的。二则如果我们强制改变别人的想法，只会导致事与愿违。尤其是当碰到心胸狭隘的人时，我们的寸步不让甚至会让对方感到羞辱，由此恼羞成怒。所谓心服口服，也就是说只有心里服气了，嘴上才能真正服气。因此，我们无论说服任何人，都要先从心理上让对方折服。所以，朋友们，争辩虽然是在嘴上，根本所在却在心里。那么，你到底是想赢得表面上的胜利，还是愿意略微退步，从而让对方对你真正地心服口服呢？相信聪明的朋友心中自有选择。

毕业10周年聚会上，张乔见到了多年不见的老同学和老师们。10年，弹指一挥间。同学们见面自然非常亲热，在酒过三巡之后，似乎又重回当年的时光，因而彼此都感慨万千。说起曾经读书时的各种糗事，大家更是情不自禁地彼此揭老底，相互挖苦讽刺，但是都心无芥蒂，因为知道彼此并没有恶意。

有位同学提起一首诗，这首诗的作者应该是徐志摩，但是他却说错了，非要说这首诗是闻一多写的。张乔马上纠正这位同学，但是这位同学固执己见，坚决不承认错误。眼看着他们争得面红耳赤，彼此都有些着急了，张乔突然想到当年的语文老师就在座，何不让老师当裁判呢！想到这里，张乔马上站起来，大声问坐在他对面的老师正确答案到底是什么。老师看了看他们，笑着说：“是闻一多。”听到老师的回答，那位同学才高兴地恢复常态，但是张乔无论如何也不相信自己是错的。后来宴会结束，

他特意留下来问老师，老师说：“既然那位同学喝多了，而且是当着这么多同学的面，你何必要指出他的错误呢！毕竟，老同学见面每个人都很要面子。而且，这是同学聚会，也不是考场，我们无须那么较真，更没有必要为不值一提的小问题相互辩论，寸步不让，伤了和气就得不偿失了。”听了老师的话，张乔恍然大悟。幸好老师在，不然他也许会因为那个小问题和同学吵闹起来，那就搅和了所有同学聚会的兴致了！

既然不是在高考的考场上，对于很多问题的正确答案其实没有必要那么较真。尤其是在同学聚会的时候，如果多年未见的老同学因为一个小小的问题而争执不休，扰了大家的兴致，那么实在是得不偿失。因为争得一时的输赢而失去他人的好感，这无疑是本末倒置。所以，朋友们，如果你们想要赢得他人的好感，与他人之间建立良好的关系，那么永远不要与他人进行毫无意义的争辩。假如你一心一意想要证明自己是对的，而不顾别人的颜面，那么你身边的朋友全都会远离你。任何时候，我们都不能完全以自我为中心，不顾他人的感受。

人的本能，使每个人都不愿意遭到他人的否定和质疑。所以每当受到这种对待的时候，人们总是情不自禁地被激怒，甚至因此对他人心怀芥蒂。哪怕有的时候我们必须探究事情的真相和对错，我们也未必需要采取争辩的方式，可以商量、讨论甚至验证，这些都比争辩的方法效果更好。

任何时候，不要伤害别人的颜面

自古以来，中国人都很爱面子。尤其是对那些自尊心极其强烈、决不允许任何人伤害自己颜面的人而言，更是把面子看得比自己的一切都更重要。俗话说，人活一张脸，树活一张皮，这是他们的真实写照。基于这个

特点，在与人相处的过程中，要想博得他人的好感，与他人搞好关系，我们首先也要确定一个原则，即无论什么时候，无论什么情况，都不要伤害别人的颜面，更不要以践踏他人尊严为代价战胜他人。

明朝的开国皇帝朱元璋从小家境贫寒，在当了皇帝之后，他以前认识的那些穷苦人经常去京城找他，投奔他。原本，这些人都想着朱元璋既然已经成为至高无上的皇帝，一定会念及旧情给他们一条出路，让他们也过上好日子，但是他们没有想到如今的朱元璋身份高贵，今非昔比，因而根本不愿意将自己曾经卑微低贱的生活透露出来。所以，对于那些投奔他的人，他基本上都将其拒之门外，避而不见。

一次，从小和朱元璋穿着开裆裤一起长大的小兄弟千里迢迢来到京城，费尽周折终于进了皇宫面见朱元璋。他当着满朝文武百官的面，一见朱元璋就毫不忌讳地大喊大叫："天啊，朱老四，你现在可是今非昔比了，我简直难以想象自己是和你一起穿着开裆裤长大的。你还记得么，你当初做了任何坏事情，总是让我替你顶包，替你挨揍。有一次，咱们俩一起去别人的地里偷黄豆吃，还找了个破瓦罐，又从家里偷了一些盐煮豆子呢！结果，你因为心急吃豆子，把破瓦罐打了个稀巴烂，还差点儿被豆子卡死呢！怎么样，你想起来了吗？应该想起来我是谁了吧？"正当这个小兄弟依然唠叨个没完没了的时候，朱元璋却如坐针毡，要知道他可是皇帝，怎么能把穿开裆裤时的事情都抖落给文武百官听呢！

想到这里，朱元璋当机立断，原本还感念旧情的他，只得先发制人，当即喝令："你疯了吧！我不知道你是谁！来人啊，把他拉下去，打五十大板，必须打得皮开肉绽，他下次才不会胡说八道。"就这样，这个小兄弟投奔朱元璋获得荣华富贵的梦还没有做完，就被打得血肉模糊，再也不敢提起"朱元璋"这三个字了。

假如这个小兄弟能够改变一种方式与朱元璋叙旧情，考虑到朱元璋

如今的身份今非昔比，而且身边还站着文武百官，那么他反而能够得到朱元璋的善待。从心理学的角度而言，每个人的天性就是维护自尊，保护颜面。一个人不管身份地位高低，都绝对无法容忍他人揭穿自己的老底，伤害自己的颜面。这就像是一个不能涉足的雷区一样，我们唯有记住这一点，不管和任何人相处都不要踏入雷区，才能让自己与他人的相处更加和谐友好，也不至于因为口无遮拦引起他人的嫌恶。

常言道，矮人面前不说挫，瘸子面前不说短，胖子面前也不要提起肥，这些话都在告诉我们与他人交谈时，一定不要哪壶不开提哪壶，否则必然招致他人怨恨。当然，我们也应该摆正心态，不要以自己的长处比较他人的短处。想想吧，这个世界上哪个人是完美的呢！包括我们自己在内，每个人都有优点，也有缺点。我们既不要因为优点而骄傲，也不要因为缺点而妄自菲薄。同样的道理，我们也不要因为他人的缺点就瞧不起他人，更不要抓住他人的短处让他人难堪，否则最终我们必然无法得到他人的尊重，也会陷入尴尬。

常言道，金无足赤，人无完人。我们不能以五十步笑百步，而要宽容对待他人的小小瑕疵和缺点。尤其是在与他人相处时，我们哪怕知道别人的秘密，也不要随意张扬，更不能以此为理由嘲笑他人。不管做人还是做事，我们都要学会给他人留有余地，不拆别人的台，这样我们才能与他人搞好关系，在需要帮助的时候也能得到他人的鼎力相助。

语言是心灵的表达，要斟酌后再说

人们常说，言为心声，这句话的意思是说，一个人所说的话总是代表了他的心意，尤其是在毫不掩饰的情况下，语言就是心灵的外在表现。既

然语言能够如此完全地表达一个人的内心，我们就应该对语言引起足够的重视。说到底，假如我们因为口不择言说出什么让自己后悔莫及的话，那么我们一定会为此承担责任、承受后果。

曾经有心理学家说，这个世界上整日纠纷不断，其中有很多麻烦是因为语言而起。的确，经常看影视剧的朋友也会发现，很多人因为彼此沟通存在误解，导致关系不断疏远，最终误会加深，关系彻底破裂。关系亲近的人之间也不能免俗，反而因为互相都以为对方一定了解和体谅自己，因而想当然，结果更加不尽如人意。所以我们说，一个人如果不能恰到好处地表达自己，这简直比愚蠢的后果更严重。即便是很多聪明人也会因为各种各样的原因导致说话不当，这无疑是他们所做的蠢事。由此可见，说出不恰当的话，给自己招致麻烦，和做出愚蠢的事情一样后果严重。因而，朋友们，千万不要轻视语言，我们唯有把每句话都说好，至少要说得不至于引起误会和麻烦，才能避免陷入语言沟通的误区，也给自己的生活和工作减少麻烦。

唐朝时期，大诗人贾岛每次作诗，都会认真斟酌字句。对于拿不准的字词，他毫不懈怠，总是一直推敲到让自己满意为止。一年秋天，贾岛远赴京城长安参加科举考试。他千里奔波来到长安城，看到满街的落叶，因而脱口而出“落叶满长安”。然而，一句话再精妙也显得单薄，为此他绞尽脑汁想再题一句好诗。他一时之间想不出合适的诗句，便情不自禁地散步到渭水河边。此时，秋风瑟瑟，贾岛看到渭水河里波光粼粼，突然妙手偶得好诗句——“秋风吹渭水”。

还有一次，贾岛因为入神地斟酌字句，骑驴不小心闯入了官道。他创作的这首诗名为《题李凝幽居》，全诗内容如下：闲居少邻并，草径入荒园。鸟宿池边树，僧敲月下门。过桥分野色，移石动云根。暂去还来此，幽期不负言。不过，对于其中的第二句，他不知道到底是用“僧推月下门”好，还是用“僧敲月下门”好。就这样，他口中念念有词，丝毫没有

发现自己已经进入大官员韩愈的仪仗队中。

韩愈问明原因，非但没有责怪贾岛，反而认真帮助贾岛思考到底用哪个字。后来，韩愈告诉贾岛：“此处用‘敲’字好。一则你夜深人静拜访好友，还能敲门，说明你很懂得礼仪。此外，夜深人静时，敲字无疑带来了响动，读起来也更朗朗上口。”得到韩愈的指教，贾岛倍感荣幸，当即把定为“僧敲月下门”。后来，贾岛和韩愈还成为好朋友呢！

看了这个事例，也许有些朋友会说，贾岛是大诗人，一字千金，而且诗句本来就要精悍到位，所以当然有时间推敲了。在日常生活中，我们总是因为各种各样的原因迫不及待地想要表达自己，假如我们也用那么长的时间推敲一个字的用法，岂不是什么事情都做不成了吗！的确，书面语言和口头语言有着一定的区别，但是无论如何，斟酌使用语言的道理是共通的。虽然我们的口头语言不需要像诗句那样一丝不苟，但是我们至少要用心思考语言的内容以及表达的方式方法。这样，我们才能通过交流与他人更好地互动，而不至于因为语言的败笔导致与他人的关系也更加恶劣。

村里有个有钱人要过六十大寿，为了热闹，他特意请了很多亲戚朋友一起吃饭。寿辰这天，眼看着开席的时间就要到了，但是还有一半的宾客没有到来。因此有钱人走来走去，焦急不安地说：“怎么回事呢，该来的怎么还不来。”听到这句话，那些早早来了的亲戚朋友都暗自思忖：“该来的还不来，言外之意不就是说不该来的都来了么。既然我们不受欢迎，还不如趁早告辞呢！”没过多会儿，这些亲戚朋友全都找了个理由，起身离席告辞了。不过，他们之中有个人与有钱人是好朋友，很清楚有钱人说话就是这样，所以并没有在意，而是继续坐在宴席桌旁。

有钱人在院子里踱来踱去，看着原本坐满了一半转眼之间却变得空荡荡的宴席桌，心烦地大声说：“怎么不该走的又都走了呢？”听到这句话，留下来的那个朋友再也按捺不住，说：“你的意思是，我这个该走的还没走呗！”说完，这个朋友也起身离席走了。

原本宴请亲戚朋友吃饭是好事情，但是这个有钱人偏偏不会说话，居然表达错了自己的心意，导致一场好事和喜事变成了坏事，而且是得罪人的事情。所以，朋友们，不管什么情况下，我们说话都一定要经过大脑。所谓说者无心，听者有意，假如我们想说什么就说什么，完全无所顾忌，那么我们很有可能把事情搞砸。

人与人之间想要建立友好的关系需要漫长的过程，但是想要破坏原本的好感却非常容易，很多时候就是一句话的事情。我们与人交流必须谨慎，避免因为一句不经意的话就与他人之间产生裂痕。也许孩童时期还可以童言无忌，但是一旦长大成人，我们必须对自己所说的每句话负责，也必然要承受我们每句话引起的后果。为了避免心直口快说错话，我们还可适当减缓说话的速度。毕竟有的时候嘴巴太快，脑子是会跟不上的。所以，朋友们，适当放慢语速，让我们的嘴巴等一等我们的脑袋瓜子吧！

有时，沉默的力量很强大

很多时候，我们以语言作为唇枪舌剑，与他人展开激烈的辩论，试图以我们严谨的思维和连珠炮一样发射的语言炮弹征服他人。最终的结果是什么呢？我们的气势也许会暂时压倒对方，也许会招致对方更大的对抗，即使对方暂时对我们表示认可，心底也是不服气的。这样的征服，只是形式上的臣服，而不是真正的征服。甚至，这样的歇斯底里和急不可耐，也许会被对方认作我们内心的空虚和无奈。这样一来，我们自然会被对方看扁。那么，我们到底如何才能表现出自己的力量呢？细心的朋友会发现，有理不在声高，很多时候越是大声叫嚷的人，内心越是胆怯。恰恰相反，

很多身居高位有权有势有钱的人，在和下面的人说话时，总是声音压低，绝不声嘶力竭。这就是他们的聪明之处。

大多数人在想要吸引别人的注意力，让别人全神贯注倾听自己讲话时，都会尽量提高声音，这恰恰是一个误区。真正懂得说话技巧的人，会在想要得到别人的凝神倾听时，突然把高亢的声音降低。这样做的效果，朋友们只需要切实地做一次就会知道。当然，同样的道理，低声的语言比高声的语言更有吸引力，沉默很多时候也比有声的语言更有力量。

在人际交流中，沉默是一种非常有利的表达，而且能够帮助发言者处于主动的地位。很多人都喜欢使用这个技巧来打败对手，让对手充分领略到沉默的力量。毋庸置疑，他们是人际交流的高手，他们知道如何营造沉默的氛围，也知道如何打破沉默，让气氛重新变得活跃。然而对于不懂得这个技巧的人而言，沉默却会给他们造成巨大的压力，也会使他们陷入尴尬和难堪。因为沉默，我们不会再言多必失，而且可以躲在沉默背后观察处于明处的对手。不管是真的沉默，还是刻意营造出来的沉默，都能帮助我们给对手留下自信、胸有成竹的印象。恰到好处的沉默，再加上我们在神态上表现得淡定从容，更会事半功倍。这样一来，对方必然在我们的沉默中乱了阵脚，最先露出破绽，我们战胜对方也就变得轻而易举。

日本的白隐禅师德高望重，因而很受人尊重。有个女孩因为行为不检点，还没有结婚就怀孕了。父母得知此事后，都觉得颜面扫地，因而追问女孩孩子的父亲是谁。女孩不敢说出真相，一则怕父母去找那个男孩，二则也怕事情越闹越大。然而父母在没有得到满意的答案之前，自然不愿意善罢甘休。最终，在他们的再三逼问下，女孩只得说孩子的父亲是白隐禅师。父母得知所谓的“真相”，气得七窍生烟，当即带着女孩去找白隐禅师理论。

等到父母对着白隐禅师发泄完心中的愤怒之后，女孩原本很担心白隐禅师会坚决否认，但是出乎她的预料，白隐禅师只是说：“啊，真的是这

样吗？”看到白隐禅师气定神闲、毫不惊慌的样子，女孩的父母也没有再闹，而是在女孩生下孩子之后，把孩子送给了白隐禅师。对此，白隐禅师毫不推辞，而是尽心尽力、无怨无悔地抚养孩子。这样一来，外界的人都认为白隐禅师真的是孩子的父亲，因此对白隐禅师的评价一落千丈，更有很多人指责和辱骂白隐禅师是披着羊皮的狼，是人类的败类。对此，白隐禅师从未辩解过。一年多时间过去，女孩终于难以忍受良心的折磨，把真相告诉了父母。

女孩父母当即来到寺庙里向白隐禅师道歉，但是白隐禅师依然气定神闲地说：“啊，真的是这样吗？”

人生在世，很多人都会遭到他人的误解。在这种情况下，与其竭力为自己辩解，还不如保持沉默，让事实表明真相。有的时候，辩解的确会越抹越黑。所谓三人成虎，当凭借一己之力无法说服他人时，我们不如静下心来，表现出我们的宽容大度和问心无愧。

人是群居动物，每个人都要与他人打交道，与这个社会打交道。在此过程中，我们很容易与他人发生冲突，这时候并不需要过多的语言说明，而只要让沉默爆发出力量。正如一首诗中所说的，此时无声胜有声。有的时候，面对他人的滔滔不绝，我们的沉默反而能使他们丈二和尚摸不着头脑。庄子也曾说过“大言不辩”，也是这个道理。当然，在形形色色的情况中，我们并不容易做到保持沉默。首先，我们不可能拿胶布封住自己的嘴巴，所以我们要想保持沉默，必须练就强大的内心。唯有心态坦然、波澜不惊，我们才能做到真正的沉默。其次，我们还要对人宽容。一个斤斤计较的人是很难宽容他人对自己的误解或者指责的，但是实际上他人的误解或者指责对于我们的生活并不会起到很大的影响。所以，我们要心怀宽大，才能恰到好处地运用沉默的力量。

|第 05 章|

没有人可以面面俱到——不做受气包也别做滥好人

在大自然中，弱肉强食是永远的生存法则，生物链环环相扣，大自然有其自身的规律和法则。其实，人类社会也和大自然很相像，也会发生弱肉强食的事情，也会因为各种激烈的竞争导致搏斗。那么，我们如何才能为自己博得一席之地呢？一味地忍让退步无疑是不可取的，恃强凌弱也是不应该的。我们必须把握和拿捏好度，才能让自己做得恰当好处，那就是既不当受气包，也不当滥好人，不卑不亢地为人处世，帮助自己立足。

很多时候，必须抹得开面子

现实生活中，每个人都避免不了要和他人打交道，然而，面对那些咄咄逼人的人，有相当一部分朋友因为性格和善，总是被“欺负”。一次两次，三次四次……也许次数少还可以忍受，但是次数多了，人生未免觉得压抑，自己心中也会觉得不平衡。在这种情况下，如果继续抹不开面子，被人欺负，就会导致自己郁郁寡欢、闷闷不乐。为了别人，让自己不快乐，值得吗？当然不值得。我们就算是付出，也要付出在值得的地方，不能一方面为了不值得的人付出，一方面自己又不快乐，这可是双倍的损失啊！

从另一个角度而言，强势的人遇到好欺负的人，会越来越变本加厉，更加强势。这样一来必然形成恶性循环，导致关系最终恶化，甚至破裂。所以从这个意义上说，作为软弱可欺、抹不开面子的人，一定要抹得开面子，这样不但是对自己负责任，也是对自己与他人的关系负责任。

也许有些朋友会说，礼让他人并没有什么错。的确，适度的礼让是值得提倡的，但是过度的礼让，则会让我们被他人钻了空子。而且，所谓礼让是符合礼节的，并非一味地怯懦退缩。正如一句民间俗语所说，害人之心不可有，防人之心不可无。虽然我们不能欺负他人，但是也要学会保护自己不被欺负。人与人之间的关系只有建立在相互尊重的基础上，才能

良性发展。现实生活和工作中，很多人都觉得做人只要老实本分，工作只要认真负责，就一定能够得到回报。其实不然，现代社会人际关系非常复杂，我们不但要业务过硬，而且也要精通人际关系，才能让自己如鱼得水，获得好的发展。有的时候，社会也存在很多不公平的现象。诸如很多违反规则、偷奸耍滑的人，反而得到了丰厚的回报，而踏踏实实做人做事的人，却一无所得。在这种情况下，我们不但要会和老实人打交道，当好自己的老实人，也要会和那些心思多、城府深的人打交道，才能吃得开。

尤其是在现代职场，很多职场新人，甚至也包括职场老人，在遇到机会的时候，因为不够自信，或者因为谦虚，不好意思直接与他人争夺。这样的一让再让，最终的结果必然是失去机会，导致自己的人生再也无法获得任何成就。不得不说，这样的责任并不在于他人身上，而在于我们自己。假如我们能够脸皮厚一点，抹得开面子一点，也许就不会与机会失之交臂了。

大学毕业后，艾米进入现在的公司工作，到现在已经3年了。3年的时间里，艾米每天都兢兢业业地工作，绝不敢有丝毫懈怠。她所负责的每一项工作，全都做得非常圆满，也得到领导和同事的认可。

前段时间，公司正好进行内部结构调整，空余出一个办公室主任的位置。领导向老板推荐艾米，老板也的确认真考虑了，因此特意与艾米谈话，征求艾米的意见。艾米当时觉得受宠若惊，又想到办公室里有很多同事资历都比她老，不由得有些胆怯，向老板推辞：“老板，我觉得我还缺乏经验，也没有做好准备成为一名管理者。办公室里基本都是我的老前辈，我可不敢管理他们。不如您让马大姐当办公室主任吧，等过几年马大姐退休了，我也经验丰富的时候，我再接她的班。”老板听到艾米的推辞，当即就对艾米有些失望。现代职场，人人都绞尽脑汁地想要得到机会，艾米却推辞机会，大概是没有什么事业心吧！因此，老板没有多说什

么，而是把办公室主任的职务给了老刘。

老刘才40多岁，距离退休还早着呢，看到老刘成为办公室主任，艾米后悔不已。虽然老刘后来因为身体原因提前离职，但是办公室里新来的人在几年的时间里迅速成熟，而且干劲十足，老板并没有再考虑艾米，而是让比艾米晚来的一位同事承担起办公室主任的工作。艾米渐渐感到无望，最终不得不放弃这份已经工作了小10年的工作，换了一家公司一切从头开始。

艾米的故事告诉我们，在机会到来的时候，千万不要因为不好意思或者抹不开面子而失去机会。人人都想等到万事俱备的最佳时机让自己隆重亮相，但是选日子不如撞日子，谁知道哪一天才是最好的一天呢！既然我们无从得知，不如随遇而安，顺势而为。这样我们才能果断出手，从而抓住千载难逢的好机会，改变自己的人生，提升和完善自我。

这个世界瞬息万变，万事万物都处于飞速发展之中。很多时候，机会并不会留在原地等我们，而且事情也会不断发展，变得面目全非。在这种情况下，我们与其被动等待，不如主动出击，现代社会的确是需要厚脸皮的。这样我们才能在事情不尽如人意的情况下，让自己更加坚强，也不至于因为小小的尴尬和难堪，就觉得不好意思或者抹不开面子。我们必须记住，面子是我们自己给自己的，只要我们内心坚强，意志如钢，就没有任何人能够抹杀我们的面子，也没有任何人能够影响我们做主自己的人生。

畏手畏脚，难免遭人排挤

一直以来，我们受到的教育都是要谦虚礼让。然而随着时代的发展，社会进入竞争激烈的阶段，一味的谦虚礼让已经不适合现代社会的情况

了。我们要想为自己博得一席之地，站稳脚跟，就要主动出击，表现得强势，这样我们才能更加强大起来，在社会上立足。

精神分析心理学家马斯洛认为，一个心理健康的人，必须拥有自主性和独立性。否则，假如一个人始终唯唯诺诺，受到他人的支配和指挥，那么就称不上是一个独立自主的人。现代社会，很多人都凭借自身的努力，从“草根”出身，创造了自己与众不同的成功人生。但是也有相当一部分人，遇到事情缺乏主见，任何事情都要倚靠他人，在家里是父母的乖宝宝，即使长大成人了也依然如同没有断奶的孩子一样，处处需要向父母讨教。在婚姻生活中，这种性格的男人无法肩负起家庭的重任，反而需要依赖妻子。在工作中，他们更是上司的傀儡，对待工作完全没有主动性，只能在上司的安排下展开工作，死板地完成工作任务。这就是依赖。孩子在小的时候依赖父母是正常的，但是如果长大成人之后还依赖父母，那就是精神上还没有断奶，没有真正成熟。这不仅会影响他们的生活，也会严重影响他们的工作。

现实生活中，很多人都想把控自己的命运。但是，一个人如果不能独立地面对生活，处理生活中的各种事情，是根本不可能成为自己命运的主宰的。他们最终的结局就是被人主宰和操控，甚至完全失去自我。这样的人如果有些特长和优点，具有利用价值还好，至少有人还会利用他们。但是如果他们没有任何特长和可取之处，那么就会被人唾弃甚至是抛弃。这样的人如何在社会上立足呢！要知道，父母是不可能跟随我们一辈子的，随着我们渐渐长大，父母越来越老，他们最终需要依靠我们为他们支撑起天空。至于爱人，现代社会生存压力大，不管是男性还是女性，很难找到一个有足够能力永远爱护和照顾我们的人，作为平等的夫妻双方，更应该做的是相互依存和扶持，一起进步。谁愿意拖着一个沉重的负累过一辈子呢？在柴米油盐酱醋茶中的彼此搀扶，才是加深夫妻感情的最好渠道和

方式。

还有些朋友之所以畏手畏脚，是因为非常害羞。然而现实是残酷的。一次两次的退缩，别人也许以为是忍让，但是接二连三的退缩，必然会使人意识到你的本质就是软弱可欺的。如此一来，谁不愿意骑在别人头上作威作福，把便宜都占尽了呢！所以，朋友们，即便你真的软弱，也要马上改变自己的性格，或者在最短的时间里把自己变成一只纸老虎，这样才能争取更多的时间让自己切实改变。

大学期间，小斌学的是广告设计专业。大学毕业后，他进入一家广告公司工作，成为一名设计员。早在读大学期间，小斌就非常有才华，也经常兼职帮一些小的广告公司做设计。因此，他对于工作并不需要太长的适应时间，很快就能够熟练工作，游刃有余了。然而，在公司里工作，和大学期间的兼职是不同的。大学期间兼职，他只需要埋头苦干，按时交活就行。如今，他不但要面对繁杂的工作，而且还要面对人际关系，这使他感到心力交瘁。尤其是他很内向，不太愿意与人交流，也不喜欢参加各种应酬活动，这使他在整个公司显得离群索居，非常孤独。

后来，小斌承担了一项重要的设计工作。在完工之后，他把设计稿交给主管看，没想到主管迟迟不给他答复。再后来，小斌才知道主管早就把他呕心沥血做好的这个完美设计稿按照自己的名义上报老板了。对此，小斌虽然很愤怒，却不知道如何处理，最终只能吃了个哑巴亏。原本，小斌以为只要发邮件警告一下主管，主管就会有所收敛。让他万万没想到的是，那个无才无德的主管，居然对小斌一发不可收拾，每隔一两个月就会剽窃甚至直接占有小斌的工作成果。忍耐了几次之后，小斌意识到问题的严重性。然而，他不想才来公司一年多的时间就跳槽。为此，他决定向老板挑明此事。

小斌先是在邮箱里把自己一直以来的项目草稿都发给老板，后来又发

邮件详细说明了事情的原委。在主管又一次剽窃小斌的设计后，老板让小斌和主管分别当众谈一谈对设计稿的构思过程以及设计原理，主管说得磕磕巴巴，小斌却说得眉飞色舞、激情洋溢。最终，主管被撤职，小斌也终于得到了老板的认可和赏识。从此之后，公司里再也没有发生过主管剽窃下属设计的恶劣事件。

假如小斌一直不向上司说明真相，相信这个主管会继续肆无忌惮地占有小斌的设计成果。幸好小斌在忍耐很久之后，终于决定站出来维护自己的合法利益。现代职场，竞争非常激烈，为了利益，有很多人会不择手段，绞尽脑汁。因而为了保护我们自身的利益，我们虽然不能主动欺负他人，但是也不能忍气吞声地被他人欺负。否则，我们就相当于助长了他人的嚣张气焰，导致自己更是被压得死死的。

朋友们，不管干什么事情，我们都要怀着勇气，下定决心，毫不迟疑地抓住机会去干。否则，畏手畏脚的我们不但会遭到他人欺负，也会错过千载难逢的好机会，从而导致我们的人生变得窝囊，无法扬眉吐气。当然，要想做到这一点，我们还要改变自身的性格。虽然说江山易改，本性难移，但是在现代社会，我们必须顺应形势，适当改变自己。否则，你凭什么顶天立地地站着呢！

没有人能面面俱到，做最真实的自己

在一个团队之中，脚踏实地、兢兢业业工作的人虽然能够取得不错的成绩，但是在团队生活中只能成为中坚力量，而无法成为有号召力的领导者。由此一来，他们虽然能力很强，但是却因为缺乏影响力和号召力，而最终默默无闻。他们很难出类拔萃，可以说，他们的生存状况与他们自身

的性格有密切关系，并非是外界原因导致的。他们性格温和，做人中庸，很少愿意得罪人，也不愿意拔尖。他们知道树大招风，也不愿意轻易树敌，他们好好先生的特点，使得他们想要做得面面俱到，得到所有人的肯定和满意。实际上，这是根本不可能的。

正如有人曾说，一千个人眼中，就有一千个哈姆雷特。这充分说明了即使对于同一个人或者是同一件事情，不同的人也会有不同的看法。既然无论我们如何努力，都注定了我们无法获得每个人的满意，那么我们为何还要刻意改变自己，失去自己，而不是做最真实的自己呢？即便我们做最真实的自己，也同样会有人欣赏我们，有人不喜欢我们，有人肯定我们，有人否定我们，结果并不会有太大的改变。

现代社会知识大爆炸、信息大爆炸，每个人日常接收的信息，相当于曾经闭塞年代的几百几千倍。当然，唯一的选择并不使人为难，面对更多的选择，才使人举棋不定、左右为难。那么，面对人生的繁杂琐事，我们应该如何选择呢？我们唯一要遵从的，就是自己的内心。没错，不管别人说什么、做什么，我们唯有遵从自己的内心，才能真正有主心骨，才能主宰自己的人生，掌控自己的命运。

很久以前，有位画家仗着自己画术高超，特意花费很长的时间和精力，画了一幅自认为非常满意的画作，拿到市场上挂好，并且自负地在旁边写上："欢迎大家多提宝贵意见。"结果，一整天白天过去，等到他去收回自己的画作时，沮丧地发现他的画作已经被圈圈点点得面目全非，惨不忍睹。画家垂头丧气地拿着画回家，妻子看到他的样子，关切地问清楚事由，笑着说："你呀，可真是个画家，典型的画家，根本不懂得人的心理。这样吧，你今天晚上再加班画一幅画，明天再挂到集市上。但是这次你要写上'请大家找出这幅画的成功之处'。你一定会有意外的惊喜哦！"

听了妻子的话，画家虽然不知道妻子的葫芦里卖的是什么药，但是却照做了。对于自己连夜加班画出来的画作，他并不满意，不过还是挂到集市上。画家忐忑不安地过了一整天，他暗暗想道：之前那幅画那么完美，都被圈圈点点得惨不忍睹，对于这幅赶制出来的画，还不知道要被人们批判成什么样子呢！到了傍晚，他怀着紧张的心情去集市，却发现自己的画作依然被圈圈点点了很多地方，只不过这次圈圈点点出来的都是人们认为画作可取的地方。看到画家惊讶的表情，妻子笑着说："看到了吧。不管一幅画多么完美，总有人不喜欢它的任何一个地方。但是不管一幅画多么不完美，也总有很多人喜欢它的任何一个地方。"妻子的话使画家恍然大悟，他感慨地说："是啊，我再怎么追求完美，也不可能面面俱到，让所有人满意。不管我多么努力，我只能让一部分人满意。"

不管我们对一件事情多么尽心尽力，都不可能得到所有人的满意和认可。每个人都有各自不同的脾气秉性，也有不同的观念。既然如此，我们就算是千面娇娃，也不可能迎合所有人，我们完全无须庸人自扰，只要遵从自己的内心做好自己应该做的事情，就可问心无愧。

现实生活中，很多人为了迎合他人，总是绞尽脑汁地揣摩他人的心思，想要把话说到他人的心里去，把事情做到他人的心里去。殊不知，这样反而绕道而行、迂回曲折。有的时候，表面看起来的捷径反而会使我们被动，而直截了当地前行，也许能使我们更快地到达目的地。所以，简单明了地做人，直截了当地做事，或许恰恰是我们最好的选择。

无论如何，我们都逃不掉竞争

现代社会，竞争非常激烈，我们无论能力是高是低，也不管身负什么

职位，都逃脱不了竞争的命运。生活中，有很多东西都让人们垂涎欲滴，诸如金钱名利、财富权势等。毫无疑问，每个人都想要得到这些东西。那么如何才能得到呢？有些人会光明正大地为自己争取，有些人则会通过各种渠道迂回曲折地得到。还有些年轻人，刚刚走出大学校园，血气方刚，总是对争名夺利不以为然，甚至觉得命运自有安排。殊不知，大自然中的竞争都是遵循“物竞天择、适者生存”的规律，更何况是在社会生活中呢！

虽然人是情感动物，人类社会也要遵循情感的规律和原则，但是归根结底人类社会也是残酷的，尤其是在经济发展迅速的今天，人与人之间的竞争更加激烈。一味地被动等待，无法帮助我们赢得机会、获得好运。唯有主动出击，占据先机，才有可能在竞争中赢得优势，争取到更好的结果。虽然有的时候竞争是不公平的，也是残酷的，但是有很多人对于竞争的理解的确有偏差。诸如很多人谈竞争色变，总觉得一旦涉及竞争，必然是黑暗的、不合理的。事实并非如此，合理公平有序的竞争，能够帮助我们激发起内心的力量和无限的潜能，从而使我们赢得人生的更多机遇。

生活中还有些人很排斥竞争，他们总觉得自己只要兢兢业业，把该干的事情干好，在工作中任劳、任怨，吃苦在前，享乐在后，就一定会得到领导的认可和赏识。殊不知，领导就像伯乐，假如公司里有很多优秀的人才，他们很难真正发现你的存在。所以，我们必须学会推销自己，让自己走入领导的视野，而且也要积极参与竞争，与他人一争高下。我们必须认识到，竞争是现代社会发展的有力推动，并非是不道德的事情，也不是斤斤计较的表现。我们不能无故强占别人的成果和成绩，但是我们要有力地维护属于自己的合理利益，这是任何人都无可指责的。

大学毕业后，林峰和李杜一起进入现在的公司工作，在大学里是同学和舍友的他们，在工作中也互相帮助，配合默契。不过，从性格上来看，

林峰和李杜截然不同。林峰是个性格外向的人，非常积极热情。他对待工作特别主动，对于上司还没有交代的事情，只要想到了，他也会马上去做。和林峰相比，李杜虽然也踏实肯干，但是缺乏主动性。他能把上司安排的所有工作都做好，但是却比较被动，很少主动为自己争取机会。

前段时间，公司里有几个去国外考察的名额。对此，李杜毫不心动，而是说："假如上司觉得我有资格，肯定会安排我的，否则我争取也没有用。"对此，林峰却不这么想。他几次三番借助汇报工作的机会，和上司提起这件事情，并且列举了自己很多去国外考察的优势。其实，上司原本是准备从林峰和李杜之间选择一个人参加考察团队的，毕竟他们刚刚大学毕业，而且英语都是八级水平，还能兼职当其他同事的翻译呢。但是当上司看到林峰对于此事这么积极热情，而李杜却无动于衷时，心中的天平自然偏向了林峰。毫无疑问，林峰在去国外考察的过程中表现突出，给上司留下了深刻印象，成为上司眼前的红人，上司有了好机会总是第一个想到林峰。

生活中，有很多人获得成功，也有很多人总是与失败相伴。导致这种两极分化的原因很多，除了主观和客观的原因之外，能否积极投身于竞争，并且为自己争取到更多的机会，是关键的因素。现代社会已经进入市场经济时代，效率优先，任何时候我们都要凭着实力和成绩为自己代言。当我们以超强的实力突出表现，老板才会更愿意以晋升或者奖励等方式激励我们。否则，老板凭什么对我们刮目相看呢！

需要注意的是，很多人觉得自己如果过于喜欢争来争去，也许会给老板留下不好的印象。殊不知，老板并不会排斥爱竞争的人，尤其是正当的竞争，更是大力鼓励。在心理学上，有个著名的鲶鱼效应。意思是说在运输沙丁鱼的过程中，很多沙丁鱼都会因为缺氧而死。但是假如在沙丁鱼中加入一只喜欢吃沙丁鱼的鲶鱼，那么沙丁鱼就会一直保持游动的状态，给

自己争取生存的机会。在这样的危机之中，沙丁鱼反而大大提高存活率。现代职场，很多管理者也喜欢运用鲶鱼效应管理团队，那么如果你是爱竞争的鲶鱼，那么你就一定会得到老板的器重和赏识。

要想得到他人高看，必须自己争气

人都是很爱面子的，也很希望自己能够得到他人的高看一眼。然而，别人并不会平白无故地就高看我们，这导致很多人都抱怨自己运气不好，无法得到他人的认可和赏识。其实，在这个世界上除了父母是无条件地爱我们之外，我们完全没有理由要求别人也这样对待我们。而且，机会对于每个人也是平等的，付出才有收获，不管何时，我们都要自己用心经营，才能得到最好的结果。

我们只是羡慕很多成功者表面上的光鲜，却没有想到他们在成功之前到底付出了什么。他们之中大多数都并非一帆风顺，而是比普通人承受了更多的挫折磨难。他们之所以得到机会的青睐，得到命运的眷顾，得到贵人的扶持，只是因为他们在失败面前从未放弃，不断地努力，最终才能为自己争气，也赢得了他人的认可和赞许。

很小的时候，我们就进入幼儿园开始自己人生的学习之旅。我们不但接受父母的督促和老师的教诲，也在与同学相处的过程中懂得了更多的人情世故。我们在不断学习的过程中成长、进步，当我们真正长大成人，我们就必须依靠自己的力量督促自己不断进步。所以说，真正能够对我们负责的，只有我们自己。我们要想受人尊重，被人高看，就必须自己不断努力。

大学毕业后，倩倩进入现在的这家公司工作，成为销售部的一位销

售员。原本，倩倩的性格就是非常安静的，她只是一心一意做好自己的业务，也相信自己一定能够凭借能力证明自己。然而，半年过去了，倩倩的业绩始终没有太大起色。

后来，公司内部调整，销售部门要精简一部分人员。倩倩心想：虽然我的业绩不是最好的，但是也位于中不溜儿水平，而且我为人正直善良，从来不搞不正当的竞争，就算是裁员，也应该和我没关系。因而，倩倩还是和往常一样，每天按部就班地工作。然而，半个月后，倩倩收到了公司人力资源部提前一个月下发的辞退她的通知。倩倩整个人都懵掉了。她心有不甘，更不明白自己为何被裁掉。然而，她决定不闹情绪，站好最后一班岗。

有一天，公司里来了一个大客户，老板已经和这个客户联系很久，才争取到客户来公司考察。然而，这个客户是韩国客户，中文说得不是很流利。这让老板有些措手不及，毕竟临时去找韩国翻译也是来不及的。看到老板艰难地和客户比画着进行交流，倩倩主动上前用流利的韩语和客户打招呼，而且还认真细致热情地向客户介绍公司的情况以及产品的优势。这时，老板才如释重负地擦了擦头上的汗水，如同看着救命稻草一样看着倩倩。倩倩的彬彬有礼，给客户留下了很好的印象，后来另选日子正式签约时，客户还指名道姓希望以后由倩倩负责和他联络呢。就这样，一个月后，倩倩非但没有被辞退，反而因为精通韩语，成为大客户负责人，专门与那个客户保持联系呢！

如果不是因为通晓韩语，对于业务不够精通的倩倩，也许就会被老板辞退了。幸好，她总算是还有一技之长，所以才能抓住韩国客户来到公司的机会，表现自己。尤其是在以效率优先的现代职场，吃大锅饭的日子已经一去不返了。任何情况下，我们要想赢得他人的尊重和认可，就必须证明自己的实力。

现代社会，知识更新的速度非常快，我们要想始终在工作中保持优势，千万不要只凭着大学里所学的有限知识，而要在工作过程中保持终身学习的好习惯，从而帮助自己不断进步，不断提升自己。所谓扬长避短，一个人要想突出自己，获得成功，就必须知道自己的长板在哪里。唯有如此，我们才能最大限度发挥自身的优势，从而让自己获得人生的主动权。

适度强硬，你才能维护自己的形象

人们在吃柿子的时候，总是要拣着捏起来比较软的柿子吃。生活中，也有人喜欢捏“软柿子”，所以不管做人做事，我们必须适度强硬，才能维护自己的形象，从而帮助自己赢得尊严和维护自己的合法权利与利益。现代社会，之所以有些人总是喜欢欺软怕硬，是因为老实人太多。有些老实人觉得，只要我不去招惹别人，就能踏踏实实过好自己的日子。其实不然。很多时候，我们即便收敛自己，不冒犯他人，也会被他人冒犯，甚至是欺负。因此，我们必须变得强硬，才能避免被居心叵测的人欺负。

刘峰进入公司3年了，工作上一直兢兢业业，业绩也算不错。他所在的是销售公司，因而以业绩论英雄。不过，公司主要的原则还是公平有序竞争。

前段时间，刘峰在公司接待了自己联系很长时间的一个客户，不过因为有些小细节还没有谈好，所以没有及时签约。不想，有一天刘峰休息，客户却去了公司，被另一个销售员玛丽接待了。玛丽在公司里业绩也始终排名靠前，她为人很强势，仗着业绩好有资本，做人做事也不太规矩。趁着刘峰不在，她居然又给刘峰的客户加了把火，直接签约了。当然，客户并不知道销售行业的规则，完全是在玛丽糊弄下才误以为不管找刘峰还是

找玛丽，都是可以的，也才会与玛丽签约。刘峰得知此事后当然非常生气，但是他无法让客户毁约，否则就会损害公司形象。他唯一能做的就是质问玛丽。对此，玛丽不以为然，说："既然你没有维护好自己的客户，没有让客户必须找你不可，你也就怨不得任何人。"公司为了营造良好的竞争氛围，是有规定的，即任何销售员不得以任何形式抢夺其他销售员的资源。后来，刘峰和客户取证，证实了客户去公司的确提出要找刘峰，但是玛丽借口刘峰不在为由，在没有通知刘峰的情况下自己接待客户，所以导致客户最终误判。

得到证据后，刘峰毫不迟疑把玛丽告到总部，指责玛丽恶意竞争。刚开始时，玛丽以为刘峰没有证据，因而很张狂。后来，刘峰拿出和客户沟通的录音。在录音里，客户详细阐述了当天的情况。为此，玛丽才不得不认错。虽然玛丽最终被公司宽大处理，但是她见识到刘峰的强硬态度后，收敛了很多。曾经对大部分同事都不看在眼里的她，再也不觉得自己高高在上，不可一世了。

从根本上来说，每个人都应该非常善良，才能立足于人世。因为善良是人非常宝贵的品质，但是这个世界上除了善良的人之外，真的还有很多人是不善良的。他们勇猛好斗，喜欢挑起事端。在这种情况下，我们哪怕平时很善良宽容，也必须调整心态，以坚决强硬的态度来捍卫自己的善良。否则，他们在欺负我们惯了之后，一定会变本加厉。

所谓的强硬，不但是指态度强硬，我们也可以配合以严肃认真的气质神情，还可以以义正词严来向别人宣誓。其实，很多恃强凌弱者，并非是真正的强者。当我们真正强硬起来，不愿意被他们欺负时，他们也就会偃旗息鼓，甚至还会对我们有所顾忌。人生在世，我们虽然要宽容忍让，但是却不能一味退缩、软弱可欺。我们唯有不卑不亢、坚定勇敢，才能走好人生之路，拥有精彩人生。

| 第 06 章 |

好心有时也会办坏事——了解自己，拎清自己的分量

俗话说，狗咬吕洞宾——不识好人心。很多时候，我们明明出发点是好的，想要做好事，但是最终却弄巧成拙，反而干了坏事。这到底是为什么呢？就像有时候两个好人在一起未必能相处好一样，很多时候我们的好心也会办了坏事。所以，我们必须认识和了解自己，知道自己的能力和分量，才能恰到好处发挥自己的能力，竭尽所能帮助别人。

人微言轻，要有自知之明

所谓人微言轻，顾名思义就是一个人的身份地位很低，所以说起话来也轻飘飘的，毫无分量。当然，现代社会人人平等，从人格上来说每个人都是一样的。所谓身份是高还是低，只是相对而言的。毕竟，每个人在社会生活中扮演的角色不同，所以职位也是有高有低，地位也是各不相同的。诸如在生活中，中国是人情社会，有些亲戚关系的人之间长幼尊卑定义严明，作为晚辈必须尊重长辈，长辈也必须表现出长辈应有的尊严和威仪。再如，在职场上，官大一级压死人。哪怕我们再怎么说人人平等，在面对上司时，我们还是要给予其足够的尊重。包括那些年纪比我们大、经验更丰富、专业能力强的老同事，我们也要把他们看在眼里。但是如果情况恰恰相反，我们是作为长辈或者上级，那么我们也要谨言慎行。与人微言轻相对，当我们辈分高、职位高，我们自然说话也更有分量，更容易给他人造成影响力，所以我们一定不要滥用这份权威，而要谨言慎行。

当然，我们这里要重点讨论的还是人微言轻的问题。现实生活中，很多朋友虽然知道人微言轻的道理，却不知道如何准确定位自己。他们因为自我感觉良好，就觉得自己是有权威的，实际上，我们首先要做的是认知和了解自己，从而为自己准确定位。意识到自己的身份和地位之后，我们才能始终牢记人微言轻的道理，不管说话还是做事，都要低调内敛一些，

在面对前辈的时候，也要毕恭毕敬。在职场上，假如我们给自己定位过高，就难免会给他人留下肆意张狂的印象；假如我们给自己定位过低，又难免感到自卑，导致自己抬不起头来，甚至无法大胆地表现自己。很多情况下，我们最好的态度就是不卑不亢，这样才能更加恰当。这也是要以认识自己、定位自己为前提的。

古时候，有个人特别喜欢打猎，因为他喜欢那种策马奔腾的感觉。为此，他还专门养了一条猎狗和一只猎鹰，猎狗可以帮助他追捕受伤逃跑的猎物，猎鹰非常机警，行动敏捷。每次打猎，他都带着猎狗和猎鹰出行，但是在捉到猎物后，尤其是抓到兔子后，他都把兔子的心脏赏给猎狗吃，猎狗也总是津津有味地吃掉，还高兴地摇着尾巴。

有一天，这个人又去山上打猎，但是半天时间里毫无收获，猎狗此刻觉得很饿。突然，他看到草丛里蹿出两只兔子，因而他赶紧放出猎鹰，配合猎狗一起撕咬兔子。这两只兔子吓得魂飞魄散，不顾一切地四处奔跑，玩命挣扎。猎鹰虽然也使出了浑身的力气，但是却总是无法制服兔子。这时，猎狗看准时机，突然猛咬兔子的后腿，但是它因为用力过猛，居然一下子咬到猎鹰的脖子，猎鹰当即死了。

猎狗不知所以，还以为自己咬死了猎鹰也能立下功劳，因而跳来跳去、摇尾乞怜地走到主人面前。主人却伤心地流下眼泪，要知道这只猎鹰可是他辛辛苦苦养了很久的啊！看到猎狗得意的样子，主人一时冲动，居然抬脚把猎狗踢得远远的，导致猎狗直接掉下悬崖摔死了。事后，这个人也非常后悔，毕竟猎狗是个畜生，根本不理解人复杂的心思和情感。他懊悔地对妻子说："假如当时猎狗能够知道自己犯了错误，躲到一边，我也就不会盛怒之下不顾一切地踢它一脚了。"

人生在世，就是如此。虽然猎狗在平日里得到主人的宠爱，但是它与主人之间的尊卑关系不会改变。也因为猎狗每次都能吃到热乎乎的心肝，

所以它忘记自己的地位，还以为主人在它犯了错误之后依然犒劳它呢。现实生活中，人与人之间的关系也是非常微妙的，当然，以人和狗的关系来比喻人与人之间的关系，显然毫不恰当，但是其中的道理却是共同的。

人贵有自知之明。偏偏生活中有很多人都对自己估计不足，也缺乏眼力见，总是无法看清楚生活的形势。他们或者自我感觉良好，或者自以为是，妄自尊大。实际上，这么做就距离惹火烧身已经不远了。聪明人从不逞强，更不会冒着风险没轻没重地说话。就像在职场上，在上司发怒的时候，最好有多远躲多远，假如不分青红皂白还要往前凑，只会导致自己成为上司的出气筒。尊重他人的怒气，也是尊重我们自己，唯有看出眉眼高低，我们才能避免自己被无缘无故地牵连。当然，有的时候我们自己犯了错误，就更要虚心认错，不要与上司辩驳。否则，上司一定会因为我们无理搅辩三分更加生气的。总而言之，认知自己至关重要，及时体察他人的情绪从而做出正确应对也非常重要。

赞美要适度，否则物极必反

西方国家有位著名的心理学家经过研究发现，人本能地想要得到尊重、认可和赞美。的确，我们就算不是心理学专家，也应该清楚每个人都只想听到好听的话、赞美之词，而不想听到那些难听的话，尤其是否定、批评和指责我们的话。既然渴望得到赞美，是我们每个人的基本愿望，那么我们为何不迎合人的这种心理，在恰当的时候给予他人赞美呢！所谓尊重都是相互的，这样我们唯有尊重他人、赞美他人，才会得到他人同样的对待。

毫无疑问，现代社会人脉资源是非常重要的资源，人际关系也被提升

到前所未有的高度。每个人都意识到要经营好人际关系，但是很多人却没有掌握方法和技巧。在与人交流的过程中，假如我们想让人际关系更进一步，就要多多看到他人的优点和长处，从而发自内心地赞美他人。这样一来，他人必然更加珍视自己的优点，也会因此善待我们。曾经有人说，如果你想改变一个人，最好的办法就是发自内心地赞美对方。的确，赞美比批评更容易让人心甘情愿地改变。这也是赞美最给力的意义所在。

随着人际关系受到重视的程度日益加强，赞美已经成为一门学问，也是人际交往的艺术。我们必须熟练掌握和运用这门学问，这样我们才能与时俱进，跟上时代的步伐不断前进。尤其是要想成为一个合格的现代人、一个游刃有余的职场人士，我们更要学会适度地、恰到好处地赞美他人。需要注意的是，凡事皆有度，赞美也不能过度。过度的赞美过犹不及，甚至使人误以为是讽刺。所谓过度，既包括言过其实、夸大其词，也包括赞美的频率过高，而且特别空洞，言之无物。总而言之，赞美必须有的放矢，而且越具体生动越好。

作为一名汽车推销员，娜娜每天的工作就是与形形色色的客户打交道。当然，娜娜年轻漂亮，性格恬静，而且嘴巴也像是抹了蜜似的，因而很容易赢得客户的好感。

这一天，娜娜接待了一位50多岁的女士。看到这位女士盯着展厅里最好最贵的车子来回地看，娜娜的嘴巴更甜了："女士，这款车非常适合您。这款车是最新款的SUV，底盘较高，一般身材娇小的女士还驾驭不了呢。"女士笑着看着娜娜，说："难道我很彪悍吗？"娜娜赶紧否定："当然不是。您比较高挑。要是您不说，我刚才还以为您是模特呢，身姿、气质都非常好。"女士听到娜娜的赞美，很受用。这时，娜娜趁热打铁："您这么年轻，就能买这么贵的车，一定事业有成。看您的气质，肯定是做大事的。"女士有些惊讶："年轻？我可不年轻了。你觉得我多

大？”娜娜斟酌了下，突然说：“您顶多也就40岁吧。”女士情不自禁地哈哈大笑起来：“我儿子都30多岁，往40奔了。”实际上，娜娜当然知道这位女士的年龄，对于自己夸大其词的回答也曾经有片刻犹豫，这时她骑虎难下，只好继续吹捧女士：“您儿子都30多岁了？天啊，真是看不出来。您看看，您皮肤白皙细腻，身材非常匀称，而且您精神气质都很好，完全看不出来有那么大的儿子啊。您和您儿子走在一起的时候，是不是经常被认为是姐弟俩啊。我想，人们肯定会这么想的。”女士原本微笑的面庞，听到娜娜的这一番恭维之词，不由得皱起眉头，有些不悦。娜娜不知道自己哪里说错了，但是她们后来的交谈氛围很奇怪，女士似乎不愿意继续和娜娜愉快地聊天了。

夸赞一个年近六十的女性看起来不到40岁，这显然有些夸大其词了。但是话既然已经说出口，娜娜骑虎难下，只能继续往下编造谎言。对于这赤裸裸的奉承，女士当然也有自己的判断。如果说娜娜前面对她的赞美让她觉得娜娜是个善良有趣的女孩，那么后面的那通睁着眼睛说出来的瞎话，无疑使她感到难堪和别扭。

过度的赞美，不切实际的赞美，空洞的赞美，都会使人感到不那么舒服。哪怕是同一句话，如果换作不同的方式表达出来也会效果不同，更何况是把赞美改变一种方式和方法呢！其实对于年纪大的女性，我们可以忽略她们日渐衰老的容貌，而夸赞她们与众不同的气质和风度。对于孩子，也可以夸赞孩子聪明，活泼可爱，等等。总而言之，我们要想做到恰到好处地赞美他人，还要了解他人的身份地位和脾气秉性，才能做到有的放矢。不过，不管夸赞谁，总的原则和方针都是不会改变的。我们要用心，才能把赞美的话说得漂亮，使其起到效果。

远离办公室里的敏感话题

职场人士都知道，在办公室里，有很多敏感和禁忌的话题，需要我们避而不谈。其实，有些话题不仅仅不适合在办公室里谈，也不适合在任何公开场合谈，更不适合与不恰当的人谈。所以，我们要想避免哪壶不开提哪壶，或者避免与我们交谈的人难堪，就必须知道哪些话题是敏感话题，从而无拘无束地与他人聊天。

如今，很多公司都采取不透明的薪水制度，同事之间根本不知道对方拿多少薪水。这主要是因为同事之间的薪水不平均，有可能相差悬殊，所以老板特意保密的。在这种情况下，不管关系多么好的同事，都不要主动问起对方的薪水，除非对方主动说。否则，一旦因为同工不同酬的薪水问题引发了一系列的不愉快，不但同事不高兴，我们自己不痛快，老板也会觉得气愤。从管理学的角度而言，同工不同酬是很多老板都会采用的奖优罚劣的方法，这就如同一把双刃剑，用得好，激励效果明显，用得不好，几乎没有人会感到愉快，尤其会给老板造成大麻烦。所以对于在办公室里打探薪水的人，老板总是特别警惕。

办公室看似是办公的场所，实际上也是流言蜚语的集散地。很多同事集中在一起工作，难免会有闲言碎语，这些话或者关于老板，或者关于同事，总之是大家都熟悉的人。毫无疑问，世界上没有不透风的墙。我们在办公室里诉说他人的长短，总有一天会被他人知道，岂不是得罪人得不偿失么！而且，很多话在传递的过程中必然失去本来面目，因而导致他人心中对我们非常记恨。此外，我们还要避免在办公室里谈论隐私。所谓隐私，当然是每个人不想为他人知道的私事。这么做，一则是为了尊重他人；二则也是提醒我们每个人即使和同事关系再好，也不要把自己的私事透露给同事。现实之中，很多职场人士被人背后下刀子，都是因为过于放

松，所以才会把只属于自己的私事透露给同事，导致被同事抓住把柄。所谓害人之心不可有，防人之心不可无。任何情况下，我们都要注意保护自己，才能安然在职场错综复杂的关系中生存下来。

小童已经在公司里任劳任怨工作5年了，作为行政人员，她经手的每一份文件从未出过任何纰漏。到了年底的时候，老板在把年终奖的红包交给小童时，笑眯眯地说："小童，认真干吧，这是特别给你的奖励，你们办公室里其他人的奖金可没有这么多。"

春节放假期间，小童约了同事小李去逛街。两个女孩边走边聊，吃着小吃，不由得渐渐放松警惕。小李突然问小童："小童，你年终奖拿了多少钱？"小童突然想起老板说额外多给她了，因而支支吾吾不想说，只是含糊其词地说："和你们一样多。"小李没有注意到小童的异样，因此愤愤地说："就是，老板可真抠门。去年就给6000块钱的年终奖，今年还给6000块钱，一点儿长进也没有。"听到小李的话，小童如同五雷轰顶。去年，她的年终奖只有5000块钱。今年，她的年终奖也只有6000块钱。原来，老板非但没有多给她钱，去年反而还少给她了呢。小童气愤不已，又不好当着小李的面说出来，很快就向小李告辞，一个人回家生闷气去了。

虽然小李和小童的交流没有发生在办公室，但是这样的话题对于同事的关系而言，还是应该尽量避免。小童因为小李和自己干同样的活儿，拿的钱却比自己多，必然因为不公平的心理导致对小李羡慕嫉妒。而对于老板，小童也不再像以前一样忠心耿耿，甚至因此对工作都懈怠了，因为她的心中有被欺骗的愤怒，也有不平衡的心理感受。中国人自古以来不患寡而患不均，很多人都追求平等，而不愿意被他人小看或者不平等地对待。

在同事把话题朝着薪资待遇或者是隐私等办公室敏感话题上扯的时候，我们可以抢先打断对方的话。哪怕一时之间找不到合适的转移话题，我们也可以直截了当提醒对方，公司规定不许谈论薪水。这样一来，对方

必然不好继续强求你和他谈论敏感话题。对于追问的人，我们要采取强硬的态度，直接回绝，扭头走开。此外，还要注意不要成为流言蜚语的传递者。实在闲得无聊，也可以和同事在工间谈谈明星的八卦新闻啊，这肯定比谈论敏感话题要安全得多，也能给我们减少很多不必要的麻烦。当然，除了办公室之外，特定的场合总会有特定的话题，我们必须提前做好准备，准备好适宜的话题，才能避免说出让人尴尬或者反感的事情来。在我们不了解情况的陌生环境中或者陌生谈话对象面前，我们只能随机应变，顺势而为，根据情况设身处地为对方着想，从而避免自己说错话。

不要自高自大，要正确认知自己

做人不能妄自菲薄，否则就会失去信心，无法获得成功。同样的道理，做人也不能过于骄傲，给人以自高自大的感觉。生活中，总有些人自以为是，总是当着他人的面吹嘘自己。他们以为这样就能赢得他人的尊重，从而让自己变得更有面子和尊严。实际上，面子和尊严绝不是我们能用夸大其词换来的。我们必须尊重事实，客观中肯地评价自己，这样才能给人留下良好的印象，避免招人讨厌。

有些人之所以吹嘘自己，并非是故意吹牛皮，而是他们本身对于自己的认识就不够客观公正。古人云，不识庐山真面目，只缘身在此山中。很多人自以为了解自己，实际上对自己却非常陌生。他们或许知道自己的优点，却不知道自己有什么致命的缺点。他们或许知道自己的过人之处，却不知道自己有何短处需要弥补。长此以往，他们必然变得狂妄，言语上也就不由自主地张狂起来。我们每个人都应该改掉自高自大的毛病，端正态度，认知自己。这样才能中肯地评价自己，从而也得到他人的认可和

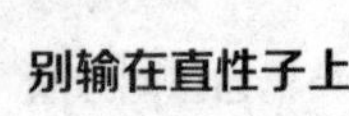

尊重。

斑鸠把喜鹊辛辛苦苦筑好的巢据为己有。看着喜鹊可怜巴巴地离开自己的家，斑鸠扬扬自得地问：“你知道谁是所有鸟中的大王吗？”喜鹊眼含热泪，战战兢兢地说：“您！”斑鸠趾高气昂地飞走了。过了没多久，斑鸠因为对小麻雀不满意，一气之下居然用嘴巴拔光了小麻雀头顶的羽毛，小麻雀变成了秃子，它伤心地哭着，斑鸠骄傲地问：“小麻雀，你可知道所有鸟中谁最大吗？”小麻雀吓得浑身瑟瑟发抖，说：“当然，当然非您莫属啦！”听到小麻雀毕恭毕敬、瑟缩的回答，斑鸠满意地飞走了。

斑鸠非常神气和骄傲，它真的以为自己是鸟中的大王了。它整日忙着在森林中飞来飞去，如同大王在巡视自己的领土一样。它不管遇到什么鸟儿，都会核实自己作为百鸟之王的身份。一个偶然的机会，它遇到了老鹰，因而依然骄傲地问：“老鹰，你见了我这个百鸟之王，还不赶快问好！”说完，它就傲慢地昂着头，等着老鹰对它的回答。出乎它的预料，老鹰突然扑扇翅膀向着它猛扑过来。斑鸠感受到一股强大的力量，毫无防备地从空中跌落到草丛中。老鹰在它的头顶盘旋着，斩钉截铁地说：“到底谁是百鸟之王！到底谁要向谁问好呢！”斑鸠躲在草丛里，吓得浑身不停地颤抖。

斑鸠仅仅依靠欺负弱小，就自封为百鸟之王，显然是自不量力了。真正的强者，绝不仅仅依靠嘴巴上的功夫，就给自己封名号。他们也不会老王卖瓜，自卖自夸，而是低调内敛，以实力说话。实际上，假如我们无法认清自己，正确衡量和评价自己，而是妄自尊大，那么当真相大白的那一天，我们必然因为自身的弱小而遭人嘲笑。

现实生活中，有很多人都喜欢吹牛皮，可牛皮却是容易被吹破的。而且，吹牛皮是有时效的，总有一天会真相大白，且为人所知。为了避免自找难堪，聪明的人宁愿低调一些，在关键时刻让他人对自己竖起大拇指，

也不愿意平日里四处张扬，等到关键时刻却掉链子，遭人讽刺。假如一个人经常吹牛皮，却无法兑现自己的承诺，那么日久天长，身边的人必然会知道他的底细，也就对他不再信任了。就像《狼来了》的故事中，孩子几次三番喊狼来了，等到狼真的来了，再也没有人相信他的话了。不得不说，这是做人的悲哀。

不管做人做事，我们都要尊重事实，也要本着对自己和他人负责的态度，不夸大其词。举个最简单的例子，假如朋友求你帮忙办事情，你不假思索地夸下海口，朋友不知道你是吹嘘，而把所有希望寄托在你的身上。当你食言，朋友知道真相，还能再拿你当朋友看待吗？吹牛皮对于我们的生活和工作毫无好处，只会给我们招致不必要的麻烦。我们必须实事求是，本分做人，才能真正得到他人的尊重和认可。

有些场合，并不适合发牢骚

生活中，总有些人满面愁容，牢骚满腹。究其原因，他们难道真的生活不如意，处处被人欺负，或者是命运多舛吗？其实不然。他们之所以发牢骚，并不是因为得到的太少，而是因为想要的太多，或者是对人对事要求太过苛刻，才会无论如何也无法感到满意。

尤其是在现代职场上，竞争越来越激烈，每个人都承受着巨大的压力，所以越来越多的人对于现状不满，对于人生失望，也变得更加牢骚满腹。例如，年轻人抱怨自己活儿干得多，但是拿的工资却不如别人高；老员工抱怨自己经验丰富，资历老，却得不到晋升；闲着的人抱怨工作不够充实，忙着的人又说自己忙得要死……假如我们都能把自己的心态调整一下，换个角度看待问题，也许就会有截然相反的感受。例如，年轻人干活

多，无形中积累了丰富的经验；老员工得不到晋升，工作上如鱼得水，反而落得清闲，多陪陪家人；闲着的人可以多多学习，充实自己，忙着的人可以借此机会提升自己的能力，完善自己……朋友们，意识到问题所在了吗？其实并非命运对于你们太刻薄，而是因为你们的心始终愤愤不平。

除了调整好心态尽量少发牢骚之外，我们还要注意，如果非发牢骚不可，也要注意区分场合。发牢骚的过程中，我们发泄的是负面情绪，有可能还会说出一些过激的话，在这种情况下，是很容易得罪人的。因而，我们有些牢骚只能在私底下的场合发，除非我们想把事情闹大，才可以故意在公开场合发牢骚。否则，肆无忌惮地发牢骚，一定会给我们的生活带来很多麻烦和负面影响。

人是情感动物，也是群居动物，感情细腻或者冲动的一群人聚集在一起生活或者工作，必然会引发严重的情绪问题。所以，牢骚也就应运而生。人们在受到挫折或者遭遇不公平待遇时，是最容易发牢骚的。牢骚看似是在发泄情绪，实际上与我们的心理状态密切相关。当然，情绪宜疏不宜堵，我们无法制止任何人发牢骚，就像我们无法要求任何人不要吃、喝、拉、撒一样，但是发牢骚必须区分时间和场合，也要注意区分对象。面对不同的对象，我们有些话可以说，有些话不能说。因而，朋友们，发牢骚可不能随心所欲哦！

盛田昭夫是索尼公司的创始人之一。在索尼公司，东京帝国大学的毕业生很受欢迎。有一年，有个来自帝国大学的才子——大贺典雄应聘索尼公司。他很有主见，也很有思想，他甚至敢于公开和盛田昭夫发生辩论。对于这个性格耿直、无所畏惧、直言直语的年轻人，盛田昭夫很欣赏，也很器重。原本，人们都以为盛田昭夫一定会给大贺典雄安排一个很好的岗位，却没想到盛田昭夫亲自下令把大贺典雄分配到一线生产线上工作，跟随一个老师傅当普通的学徒工。没有人知道盛田昭夫这么做的用意，大多

数人都为大贺典雄喊冤叫屈，但是大贺典雄自己却对此坦然对待，绝不抱怨。

一年后，盛田昭夫突然把大贺典雄从学徒工的位置上召回总部，而且提拔大贺典雄成为专业产品经理。这样的举动，再次在公司引起轰动，也使得更多的人看不懂这件事情的来龙去脉。直到有一次召开全公司大会，盛田昭夫才向大家公布了初衷："产品经理的职位特别重要，必须由熟悉产品制造流程的人才能担任。所以，我把大贺典雄直接下到生产一线工作。大贺典雄表现很棒，在一年多的辛苦工作中，他始终无怨无悔，绝不抱怨，而且尽职尽责、尽心尽力。所以，我最终决定让他坐着直升机得到提拔和晋升。"大家这才理解盛田昭夫的苦心，也马上给予大贺典雄热烈的掌声表示祝贺。5年后，大贺典雄才34岁，就成功加入公司董事会，成为全公司最年轻的董事会成员。

换作其他人，也许会对被下放到生产一线当学徒工的命运抱怨不已。毕竟大贺典雄是个高才生，还毕业于日本帝国大学，盛田昭夫对于大贺典雄的岗位分配完全不合常理。实际上，盛田昭夫之所以把大贺典雄发配到最脏最累的生产一线，除了要让大贺典雄熟悉产品的制造之外，也是为了看看大贺典雄如何对待艰难的环境和不公正的待遇。幸好，大贺典雄是很有毅力的，他在一年多的艰苦工作中从不抱怨，更没有发过任何牢骚，反而甘之如饴，踏踏实实做好自己该做的事情。这样一来，盛田昭夫对他更加刮目相看，也更加坚定了让他担任产品经理的决心。

很多人在冲动之下发牢骚，完全口不择言，有什么就说什么，却没有想到说出去的话如同泼出去的水，想要收回是绝不可能的。而且，隔墙有耳，我们无心之中发泄的情绪，也许在我们不知道的情况下就会被别人用来打小报告，狠狠地参我们一状。这样一来，我们此前就算有再多的付出和成就，也会因为上司的轻信而抹杀殆尽。所以，除非你想要离开一家公

司，否则千万不要随意发牢骚。而且就算你真的想要离开这家公司，也应该采取和平友好的方式解决问题，这样才不至于对你们未来的职业生涯产生负面影响。

拥有热情，人生才能绽放异彩

在职场上，年轻人总是被冠以新鲜血液的美名，因为有年轻人加入，整个团队都会瞬间显得年轻起来，充满朝气。毫无疑问，年轻人的确满怀热情，锋芒毕露，有着让人羡慕的勇气和做事情的决绝信心。曾经有人说，要想成就任何伟大的事情，都离不开热情的支持。世界知名的某杂志也曾经特意进行调查，最终证实热情的确对于人的成功有着巨大影响。

人们很难拒绝一个满怀热情的人，因为热情就像一把火，很快就能燃烧人们的心灵，使人们产生共鸣。尤其是在社交和工作中，热情更是不可或缺。一个热情的人，身边总是围绕着很多朋友，因而人缘非常好。在工作中，一个热情的人也能够爆发出积极的正能量，让人们一鼓作气地战胜困难，任何时候都决不放弃。热情还具有神奇的魔力，能够形成巨大的吸引力，从而吸引更多的人围绕在我们的身边，多多帮助和支持我们。热情还会传染，一个热情的人瞬间就能让他的周围气场变强，影响周围人的心情和情绪，使得每个人都激情澎湃、热情洋溢。尤其是做销售工作，更需要热情才能点燃我们的激情。细心的人会发现，生活中的成功者，或者是生活幸福快乐的人，他们总是充满热情。与他们恰恰相反，那些总是被失败折磨的人，并非仅仅因为他们能力不足，更多的是因为他们缺乏热情作为对人的吸引力，所以他们的人生过于冷清，缺乏激情，也缺少机遇。当然，热情必须是源自内心的。伪装的热情，并不能支撑我们在人生路上战

胜一切坎坷与磨难，勇敢前行。

小辉已经读大四了，和大多数同学一样，实习结束后，他除了准备毕业论文答辩，就是四处奔波找工作。小辉是学习营销的，因而他想在毕业后从事销售工作。遗憾的是，他接连面试了好几家公司，他们都要求应聘人员必须有经验。对于还未真正走出大学校园的小辉而言，这简直是强人所难。

这个周末，小辉和同学结伴来到人才市场，这是年度最大的一场招聘会，因此参加招聘的企业非常多。小辉在招聘会上漫无目的地走着，突然被一个激情澎湃的声音吸引住了。他循声走过去，发现是一家公司正在招聘销售人员。虽然这家公司的展报上也明确写着要求应聘者有经验，但是小辉就是迈不动腿。他一直双目炯炯有神地看着演讲者，全神贯注地倾听者演讲者的演讲。直到一个小时之后，演讲者终于讲完了，小辉情不自禁地鼓起掌来。他对演讲者说："老师，您讲得太好了，简直激动人心，我从未见过像您这样有热情的人。"那个演讲者也很认可地赞许小辉："一个小时的时间里，听众来来去去，只有你一个人满怀热情地听我演讲完。我也从未见过像你这样用眼睛燃烧热情的人，我从你的眼睛看到了你的心灵。"小辉听到演讲者的赞赏，不好意思地说："可惜，我不符合你们的招聘要求，不然我一定要拜您为师，在您的引领下走入销售的殿堂，是我的幸运。"演讲者听到小辉这么说，马上告诉小辉："没关系，只要你有热情，我就欢迎你加入。热情永远都比所谓的经验重要得多。"就这样，小辉顺利找到了自己心仪的工作，而且还遇到了优秀的老师带着他走入销售的殿堂。

眼睛是心灵的窗口，一个人的眼睛是不会撒谎的。小辉的眼睛里，灼灼燃烧着来自他心灵深处的热情，正是这份热情感动了那位优秀的演讲者，让小辉得到了自己梦寐以求的工作机会。

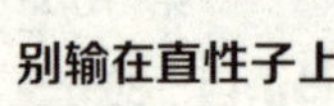

年轻人的热情，应该是从心底涓涓流淌出来的心灵之歌，虽然灼热，却不会伤害身边人的感情。现代社会，我们可以充分发挥自己的能力，表现出自己的优势，从而顺应形势，成就自我。然而，一个人表现自我必须斟酌在合适的时间、场合，而且还要选择恰到好处的方式。唯有如此，我们才能把自己的热情发挥到极致，从而点燃我们的生命。

人情就是用来欠的，学着接受别人的好意

现代社会，不是个人英雄主义的时代，也不存在无所不能的救世主。每个人都将会成为团队中的一分子，因为每个人的力量都是有限的，这决定了人与人之间的分工合作更加密切，人际关系变得前所未有的重要。举个简单的例子，在足球运动中，任何球员哪怕能力再强，也不可能同时身兼数职，以一己之力赢得比赛。如果当前锋，就无法兼顾后卫；如果当后卫，就不可能兼顾守门员的职责。总而言之，一个人就算能力超强，也必须融入团队之中，才能表现出自己的优秀，成就自己。

一个人，如果总是固执己见，一意孤行，在现代社会是根本行不通的。古人云，独学而无友，则孤陋而寡闻。因此，朋友们，我们不管能力高低，都必须摆正自身的位置，既学会接受他人的帮助和馈赠，也要在他人需要的时候慷慨伸出援手。正如人们常说的，礼尚往来，所谓人情正是用来欠的。我们唯有学会接受他人的好意，参考他人的意见或者建议，才能与他人更好地交流合作，实现共赢。

从某种意义上来说，接受他人的好意是一种美德。一个人如果总是把他人拒之于千里之外，对他人非常冷淡，那么就会失去人缘。金无足赤，人无完人，每个人能力再强，也不可能独自存活于世。所以，我们必须抛

弃虚伪的假面具，承认自身的脆弱，也承认自己有时候的确需要他人的帮助。这样的无能为力，恰恰是一种真实，恰恰能够表现出我们的真诚和热诚。此外，我们还要学会他人的参考意见。所谓三个臭皮匠，赛过诸葛亮。就连神机妙算的诸葛亮，仅凭一己之力也未必能够战胜三个臭皮匠加在一起的智慧，更何况是我们呢！所以，我们一则要谦虚好学，二则也要尊重每一个人。尺有所短，寸有所长。一个人不管身份地位高低，总有可取之处，我们决不能怠慢和轻视任何人。这才是做人的明智。

张晴一个人在北京读大学，这让妈妈非常牵挂和担心。虽然妈妈经常借助职务的便利去北京看张晴，但是毕竟路途遥远，有的时候遇到着急的事情，时间上根本来不及。

前段时间，北京突发流行性感冒，症状大多是发烧、呕吐，这次感冒来势汹汹，极具传染性，张晴也被传染了。她头昏脑涨，发着高烧打电话给家里，妈妈火急火燎地买了最快出发的火车票，但是至少也要一天之后才能赶到北京。这时，张晴给也在北京的初中同学李刚打电话。李刚接到电话后，马上从郊区赶到张晴所在的学校。为了避免交叉感染，他还主动把张晴接到校外的宾馆住着。他细心地给张晴买来各种水果，还去饭店点了张晴爱吃的饭。张晴妈妈心急如焚地从老家赶到北京，看到刘刚正在守护着张晴，不由得感动得热泪盈眶。张晴妈妈在北京待了三天，回到老家后，她当即买了一套品牌西服寄给刘刚，作为答谢。不想，刘刚坚决拒绝，而且还有些生气的样子。张晴不解，刘刚说："我可不是为了得到你的感谢，才去守着你的。我们是同学，又是老乡，难道这点儿情分还没有吗？我不需要感谢。"

听完刘刚的话，张晴恍然大悟，说："好的，我明白了。"后来有一次，张晴又遇到小麻烦，当即给刘刚打电话，刘刚第一时间赶到张晴身边。看到自己能帮助张晴，刘刚还觉得很高兴呢！

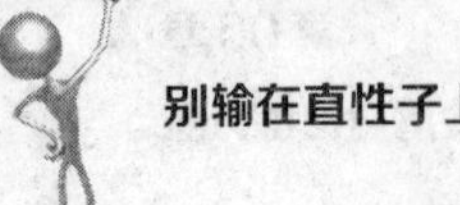

对于张晴妈妈来说，也许觉得平白无故欠着别人一个大人情，是很难受的，也总是惦记着。所以，她在回到老家的第一时间，就马上给刘刚寄去贵重的礼物。然而，刘刚却不这么想，他之所以照顾张晴，只是因为张晴是他的同学、他的老乡，所以他对于张晴的付出完全是心甘情愿的。实际上，我们欠了别人的人情想还，这是可以理解的。但是，人情未必要着急还。中国人历来讲究礼尚往来，人情也恰恰是用来欠着，等到对方需要的时候再竭尽所能地帮助对方，比所谓的还人情来得更好看。

从某种意义上来说，接受一个人的好意，就相当于接受了他这个人。我们应该更加随和一些，多与他人打成一片，才能与他人之间建立良好的关系，拥有好人缘。

第 07 章

世间事并不是非黑即白——遇事宽容，勿把偏见当真理

在这个世界上，很多事情并非如同我们想象的那么简单。诸如黑白之间，还有深灰、浅灰等各种各样的灰，如果我们一味地盯着黑白，那么未免太累。的确，生活不是算术题，不是一加一等于二，所以我们应该调整自己的心态，不管遇到什么事情都能够宽容对待，从而避免偏见，追求真理。

路遥知马力，日久见人心

常言道，路遥知马力，日久见人心。虽然心理学知识告诉我们，第一印象是非常重要的，但是我们更应该明白，短暂的接触并不能帮助我们真正了解他人，要想打开他人心扉，走入他人的内心深处，与他人更好地交流和沟通，我们必须学会长久地观察和用心感受，才能最接近事实真相。

当然，我们无法否认第一印象的重要性，归根结底人们总是情不自禁地以外表来判断他人，这是一种本能反应，也无可厚非。但是，如果我们仅凭第一印象就对一个人下定论，那么无疑有失偏颇。毕竟，很多时候我们看到的和听到的未必是真的，事实的真相还掩藏在层层迷雾之中，要靠我们认真分析、细心推断，才能真正发现。

从第一印象的角度来看，我们当然愿意看到一个清爽干净的人，而不愿意看到一个肮脏邋遢的人。而且，我们看到前者的感觉会比看到后者的感觉好得多。就像很多喜欢孩子的朋友都会有这样的感受，即喜欢干干净净的孩子，而不喜欢拖着鼻涕虫的孩子。在日常生活中，很多人都情不自禁地以一个人的长相来评价这个人，诸如那个人看起来脏兮兮的，让人感觉很难亲近。再如，那个女孩长得眉清目秀，一看就是很和气善良的。诸如此类的评论，都是人们情不自禁地根据他人的外貌做出来的评价。所以，我们不难得知，在我们的生活和工作中，以貌取人的情况非常普遍。

实际上，我们也的确无形中受到以貌取人的影响，而且在一定程度上被第一印象左右。那么既然我们现在提出"路遥知马力，日久见人心"，我们在与他人相处过程中就应该变得更加理智，这样我们才能尽量撇开感情因素，为我们的慧眼识人加分。

此外，要想客观公正地评价一个人，我们还要注意尽量抛开偏见。所谓偏见，就是我们因各种原因导致的对某人先入为主的看法或者是做出的武断结论。古人云，人不可貌相，海水不可斗量。假如我们总是以貌取人，先入为主，那么我们必然无法以明智的心看清楚事实真相，我们的双眼也会被蒙蔽。遗憾的是，虽然知道这句话的人很多，但是真正能够遵循这句话的人却少之又少。

唐玄宗在位时，裴宽曾经是润州地方官的下属。当时，润州刺史韦诜有个女儿待字闺中，所以韦诜一直在为女儿物色合适的结婚对象。有一天，韦诜在家里登高远眺，突然发现有个人正在花园里刨土埋东西。韦诜很纳闷，不知道那个人忙活半天到底在埋什么，因而特意向家人打听此事。

家人告诉韦诜："花园里的人叫裴宽。裴宽清正廉洁，从来不愿意接受任何人的贿赂，以免玷污自己的清白。这不，有人刚刚送了一块鹿肉干到他家门口，等他发现的时候，送东西的人早就走远了。他不愿意拿鹿肉拿到家里，又无法当作没有这回事情，因此只得把鹿肉埋起来。"听完家人的诉说，韦诜不由得对裴宽刮目相看，并且很有心让裴宽成为自己的女婿。

后来，韦诜真的把女儿嫁给裴宽。结婚当日，韦诜的女儿才在帷帐后面看到裴宽的真面目。裴宽又高又瘦，穿着一身绿色的衣服，脖子伸得长长的，看起来就像是一只碧绿色的仙鹤，因而人们都调侃他是"碧鹤"。看到女儿对裴宽不甚满意的样子，韦诜一本正经地交代女儿："父母为了

女儿好，一定要为她挑选品德高尚的男人，不能以貌取人。”后来，裴宽果然如同岳父所期望的那样，官至礼部尚书，人们都对他有口皆碑。

世界上的万事万物都处于发展变化之中，也包括人。所以，我们在看人的时候要以发展的眼光去看，而不要局限于眼下的表象，因为表象是会蒙蔽和欺骗人的。此外，在与他人相处时，我们也不能急于下结论。我们必须以负责的态度多多观察他人，才能对他人形成初步的影响。人们常说，时间是治愈伤痛的最好良药。殊不知，时间也是擦亮我们眼睛的最好良药。当我们对一个人拿不准的时候，不如不动声色地观察。一个人即使再会掩饰，也无法掩饰一辈子，只要我们有耐心，就总能找到他们的狐狸尾巴。当然，我们更有可能在时间的流逝中见证他们的本质。

当然，花费多长时间才能看出一个人的本质并无特殊规定，完全是因人而异的。有的人不善于伪装，也许很快就会被识破。有的人老谋深算，也许能够伪装很长时间。我们要做的就是耐下心来，用心观察，而且要始终保持理性。

明哲保身，不做职场上的无辜牺牲品

现代社会，人们的生存压力越来越大，人与人之间的竞争越来越激烈。这也直接导致我们在职场上必须更加绞尽脑汁之地为自己谋划，才能生存下来。毫无疑问，职场上的人际关系是最错综复杂的，也是最微妙的。各个层级的领导之间，与同事或者下属之间，形形色色的关系让我们应接不暇。尤其是当事情牵涉到多方利益时，我们就会更加为难，甚至根本不知道自己到底应该如何做。

现代职场，很多公司内部都拉帮结派。作为微不足道的小棋子，如

果没有人在乎我们还好，如果陷入各种势力的旋涡之中，则一定会左右为难。偏偏我们谁也不想得罪，更不想因为跟错了人、站错了队，导致自己的职业生涯陷入被动之中。在这种情况下，如果我们因为工作原因不得不与其中一位上司打交道，那么就会更加纠结。其实，在办公室的各种势力中，我们最明智的做法就是保持中立，这样才能左右逢源，不得罪任何人。当然，中立的把握也是很微妙的，唯有保持合适的分寸才能成功，否则就会前功尽弃。此外，我们为了避免被职场上的各种明争暗斗的势力误伤，一定要注意千万不能被任何一方误以为我们是另一方的人。否则，我们就是两头不讨好，最终一定会输得很惨。

人际关系在现代社会非常重要。我们要想在职场上如鱼得水、游刃有余，就必须搞好人际关系，与每个人都和谐融洽相处。现实生活中，我们常常羡慕某个人的特立独行，他似乎游走于世外，可以和每股势力搭上话，但是又绝不和任何一股势力走得过于亲近。对于这样的人，我们很难将其定义为某个势力范围，但是奇怪的是，各个势力范围都对这样的人颇有好感，甚至还带着讨好这种人的意味呢。这就决定了这种人不管做人做事，都会得心应手，而且还能够得到很多人的认可和赏识。不可否认，这样的人一定是协调高手，所以才能把复杂的关系处理好，也才能保全自己，成全自己。

1968年，美国举行总统竞选。基辛格垂涎内阁的位置，因而思来想去，想出了一个好办法。他告诉总统候选人尼克松的竞选团队，他知道很多内部情报，而且很愿意将这些情报提供给尼克松的竞选团队。当时正值关键时刻，每个总统候选人都愿意多一个人支持自己。因此尼克松的竞选团队当即允诺基辛格，只要尼克松成功当选总统，就会让他坐到内阁的位置上。

几乎在同一时间，基辛格也向民主党候选人韩福睿抛出了橄榄枝。

韩福睿听说基辛格知道很多内部消息，因而当即询问关于尼克松团队的消息。为此，基辛格原原本本地把尼克松的所有事情都对韩福睿和盘托出。实际上，他这么做恰恰使他成为这场竞选中唯一只成功不失败的人。因为不管韩福睿还是尼克松成功当选美国总统，内阁的位置都非他莫属。最终，尼克松当选美国总统，基辛格理所当然成为内阁总理。不过，他很清楚总统的任期是有限的。所以，他对于尼克松始终保持着距离，不远不近，若即若离，态度也不卑不亢。这样，等到尼克松任期结束，福特上台时，虽然福特撤换掉很多尼克松的心腹或者得力干将，却保留了基辛格。原因就在于，基辛格在尼克松在任期间，从未与尼克松走得过于亲近。

毫无疑问，基辛格是非常聪明的。他通过出卖情报，万无一失地得到内阁的职位，实际上他并没有做什么真正有意义的事情。后来，他又理智地与尼克松保持适度距离，所以才能在尼克松任期结束后依然得到福特的重用。职场上，我们要想不得罪人，就必须与各个上司保持相同的适度距离，这样才能避免亲疏之分，从而也避免了亲近某人或者得罪某人。

职场就是是非之地，尤其是办公室、茶水间、洗手间等地方，更是舆论和谣传的重灾区。为了避免无意中得罪领导，我们还要管好自己的嘴巴。当遇到某个同事明目张胆地说某个领导好，而某个领导不好的时候，我们最好不要搭讪。否则，很可能有一天那位同事的过激言辞在传到领导耳朵里时，就会变成是我们所说的。这样一来，我们无形中就成为某一派事例的炮灰，变成了真正的“惨死”，也实在是太冤屈了。所以，朋友们，人在职场，一定要谨言慎行，远离是非和谣言，明哲保身，保全自己。

公私分明，学会拒绝上司的不情之请

现代职场，很多人或者因为年轻缺乏资历，或者因为面子薄性格软弱，对于上司提出的不情之请，总是不好意思拒绝。有的时候，他们勉为其难地接受上司分派的任务，却又因为能力不足导致没有圆满完成任务，被上司毫不留情地批评，这样无疑太委屈自己了。

上司虽然在工作上职务比我们高，但是只是工作上的分工与我们不同，这并不意味着上司高我们一等，更不意味着我们必须时时处处都听从上司的安排。现在就业市场上都是双向选择，对于上司超出我们工作范围的不合理请求，我们如果心有余力而且能够圆满完成，当然可以接受下来，等到做好之后成为我们的加分项。但是如果我们能力不足，那么千万不要为了照顾上司的面子而强撑着，毕竟最终事情搞砸了挨批评的还是我们。退一步想，与其未来把事情做完了再挨批评，不如现在就委婉拒绝上司，从源头上彻底解决问题。

不管是在生活中还是在工作中，我们都要学会说“不”。尽管“不”是个负面词语，而且带有强烈的感情色彩，但是我们在对上司使用这个词语时，一定要避免咬牙切齿的表情，否则就会加重这个词语的负面色彩。相反，我们可以面带微笑，语气亲切，从而减弱这个词语带给对方的不舒服感觉，使对方更容易心平气和地接受我们的拒绝。当然，除了调整表情之外，我们还可以找一些合情合理的理由，这样上司面对我们的拒绝也就无话可说了。总而言之，拒绝上司没有必要义正词严，更没有必要因此与上司成为仇人。其实，不仅仅针对上司，针对其他人的不情之请时，我们也要尽量委婉含蓄，给对方台阶下。正如人们常说的，生意不成仁义在。同样的道理，我们虽然没能帮助上司或者其他人，也没必要失去他们这些朋友。

罗斯福在当选美国总统前，曾经在美国海军军部担任重要的职务，因而他知道很多别人不知道的国家机密。

有一次，有个朋友在与罗斯福偶遇之后，特意装作漫不经心的样子向罗斯福打听消息，问罗斯福美国海军是否真的准备在加勒比海的某个小岛上建立潜艇基地。对此，罗斯福感到很为难，因为这是国家机密，哪怕对家人也不能透露。但是，他又不好意思直截了当地拒绝朋友，因而他故弄玄虚地环顾四周，然后又把声音压得低低的，问朋友："你能保守这个秘密吗？"朋友当即毫不迟疑地说："放心吧，我能。"这时，罗斯福突然笑着说："我和你一样，我也能。"朋友马上领悟了罗斯福的意思，不再继续追问了。

在这个事例中，罗斯福不好意思拒绝朋友，因此采取委婉的方式告诉朋友，己所不欲，勿施于人。既然朋友能够保守这个秘密，那么罗斯福作为海军军部的重要官员，当然更要以身作则，坚决不透露国家机密，影响国家安全。不得不说，罗斯福这个方法非常好，在轻松幽默的氛围中就拒绝了朋友，又没有伤害朋友的颜面，这充分表现出罗斯福与人相处的高超艺术。后来，罗斯福已经去世多年了，他的这位曾经试图打听国家机密的朋友，还经常讲起这段有趣的事情。

拒绝他人的时候，尤其是拒绝上司的不情之请时，我们最重要的是做到对事不对人。这样一来，我们哪怕从事情上拒绝了对方，但是我们与对方的感情却不会受到影响。当然，每个人都很爱惜自己的颜面，我们也可以找一些理由或者借口让对方有台阶可下，不至于因为被我们拒绝而陷入尴尬和难堪之中。此外，我们还可以采取拖延的方法拒绝他人，这样我们无须直接把拒绝的话说出口，就能达到拒绝的目的，他人也会在没有听到拒绝之词的情况下，了解我们的心意，可谓彼此安好。

有的时候，神经大条才能心情轻松

生活中，有很多人都属于大大咧咧的类型，不管什么事情，都丝毫不放在心上，哪怕有了烦恼忧愁也总是往脑后一丢。毫无疑问，这样的人很容易获得幸福快乐，这完全是由他们的性格和心态决定的。与他们恰恰相反，有很多人心思细腻，神经敏感，不管是做人做事，哪怕只是说句话或者去某个地方游玩，他们都无法完全放松下来。他们生性多疑，而且喜欢幻想，总觉得自己的一举一动都看在他人眼里，被他人评价。为此，他们宁愿辛苦地端着，也不愿意放松自己，尽情享受生活。举个最简单的例子，一个女孩如果过于在乎自己在他人眼中的形象，那么哪怕是衣服上有了小小的不起眼的污渍，她也会精神紧张，生怕别人对她说三道四。或者鼻子上起了个脓包，她也总觉得自己不管走到哪里都被他人注视，如此一来，她还如何做到轻松快乐地生活呢？实际上，别人并不会如此关注我们，很多的备受瞩目只存在于我们心里。只要我们心里想开了，放下了，我们就会发现并没有那么多人关注我们的一举一动，也没有那么多人时刻盯着我们看。

神经紧张、过度敏感的人，大多数都是因为自我心理意识太强。他们总是以自我为中心，所以理所当然地认为他人也在时刻关注他、瞩目他。现实中，大多人都希望自己成为人中龙凤，受到万人敬仰和瞩目，实际上，这只是一个美好的想象而已，一个人要想出类拔萃，不经过一番刻苦的努力，是很难真正实现的。当然，成功也并非一蹴而就便能获得的。我们唯有付出长久的努力，有毅力去坚持不懈，才能如愿以偿获得成功。然而，人的神经不可能永远紧绷着，就像琴弦绷紧太久了会断掉一样，人的神经绷紧太久，也会不堪忍受。聪明的朋友，会调整好自己的心态，安排好生活的节奏，劳逸结合，轻松愉快地奔向人生的最终目标。有的时候，

我们如果过度紧张，整日神经兮兮的，还会招致他人的嘲笑。如此一来，我们必然变得更加紧张，由此导致人际关系陷入恶性循环之中，结果更加糟糕。

神经紧张的人也很多疑，看到别人说话，他们会想当然地认为别人是在背后议论自己，因而对别人充满敌意；看到别人结伴而行，他们也会觉得别人是在故意孤立他们，因而提心吊胆、怨声载道，也更加疏远他人。他们做事情的时候犹豫不决、瞻前顾后，导致拖泥带水，无法干脆利索、充满勇气地面对生活。所以我们说，一个人如果过度敏感并非好事，反而会给自己的生活和工作带来很多的烦恼。

乔乔是个非常优秀的女孩，原本她应该有个非常美好的前途，但是却因为她神经敏感紧张的性格特点，导致她在大学毕业后频繁跳槽。转眼之间，5年的时间过去了，她的那些同学不管进入大公司还是小公司，全都做出了一番成绩，唯独她刚刚跳槽到一家新公司，还是新人呢！

在毕业5年的同学聚会上，大多数同学都非常亲热，诉说毕业后的各种感慨。唯独乔乔，独自坐在角落中，每当听到聚集在一起的三五个同学哈哈大笑时，她就想当然地认为对方一定是在嘲笑她一事无成，嘲笑她是全班混得最差的。在这种思想的折磨下，她居然在聚会进行到一半的时候就要退场。后来，一个同学劝说乔乔："老同学，大家好不容易聚在一起，你可不要扫兴啊！"原本，这个同学只是想挽留乔乔，所以才会以这种半开玩笑的口吻和乔乔说话。不想，乔乔马上一本正经地反问："我是不是特别不合群，大家是不是从来都不喜欢我？"看到乔乔严肃的表情，同学这才意识到这个玩笑话对于乔乔并不合适，因而马上解释："当然不是。你可是我们班的大才女啊，你都不知道当年班级里有多少男生喜欢你呢！"乔乔不由得脸红起来，说："你可不要拿我开玩笑，我当不起。"看到乔乔如此紧张和敏感，这个同学又简单寒暄了几句，就离开了。乔乔

也很快离开会场。然而，她敏感多疑的个性，使她在工作中也很苦恼，更给她的生活带来了莫大的困惑。

不管是在生活中还是在工作中，有一颗敏感的心虽然能够帮助我们捕捉到更多的讯息，但是也使我们多了无数麻烦。一个人如果过于敏感，就会处处怀疑别人，甚至经不起任何风吹草动。然而，生活中总是有无数的意外需要我们承担，面对生活的大起大落，我们也常常情绪波动。在这种情况下，我们必须降低敏感度，让自己的神经变得大条起来，这样才能最大限度保护我们内心的脆弱，从而让我们更坚强地面对人生。

盲目地怀疑别人，很容易就会破坏我们与他人的情谊，导致我们戴着有色眼镜看人，把所有人都想象得很坏。当我们与任何人都有隔阂，我们也就会失去所有人的信任。这样一来，我们与他人之间还谈何友谊呢！此外，神经敏感还会刺激我们的自尊心，让我们变得更加神经质。朋友们，我们应该记住，一个人只有坚守自己的内心，不因为外界的人和事影响自己的情绪，才能更加平心静气地生活。所以，让我们成为一个心胸宽阔的成功者吧！相信我们一定会在人生中收获更多的幸福快乐！

不要把自己看得太高，要脚踏实地

生活中，总有些人自视甚高，把自己看得太高，也把自己抬得太高。殊不知，越是把自己抬得抬高，在遇到挫折的时候，就越是容易狠狠地掉下来，摔得更惨。所以，我们要想避免难堪，就要适度中肯地评价自己，避免盛气凌人，从而也能帮助自己更好地进步和提升，成就自己。

正所谓尺有所长，寸有所短，每个人也有自己的优点和缺点。我们不能因为自己的优点就妄自尊大，也无须因为自己的短处就妄自菲薄。唯有

保持平常心，意识到自己可以扬长避短或者取长避短，端正心态从容面对生活，才能脚踏实地，经营好属于自己的人生。

在现代社会，人是没有高低贵贱之分的。因为每个人的出身可能不一样，这导致每个人的人生起点也各不相同，但是一个人只要奋发向上，坚持努力，就终于有一天能够出类拔萃，成就自己。当然，把自己看得太高，在心理落差巨大的情况下，我们也会因此怨声载道。说白了，抱怨就是因为心理失衡导致的。此外，自视甚高的人还会瞧不起他人，对他人居高临下，这会使我们与他人的关系变得紧张，我们也会脱离“群众基础”，变成孤家寡人。就连贵为天子的皇帝都知道“水能载舟，亦能覆舟”，更何况我们作为普通人更需要他人的协助和帮忙呢！朋友们，任何时候都不要自视甚高，过于抬高自己，否则我们就会成为众矢之的，陷入他人的围攻之中。

也许有些朋友会说，才华横溢的人必然锋芒毕露，就算是我们故意低调内敛，他人也会因为我们的杰出成就而关注我们，甚至嫉妒我们。其实不然。才华横溢的人，也可以做到低调内敛，也可以做到悄无声息。所谓张扬，一定是处于主观意愿的，所以是否引人注目也取决于我们自身。人们常说，做人要低调，做事要高调。真正的聪明人，不但做人低调，做事也很低调，这样一来才能更加有效地保护自己，免遭他人嫉恨。

三国时期，曹操挟持汉献帝，在许昌建立都城。为了谋求发展，曹操在全国范围内召集贤良的、有能力的人辅佐他。在他人的推荐下，曹操找到了荀攸这个人才，并且对其委以重任。

在担任军师之后，曹操和荀攸的接触更加密切和频繁。荀攸神机妙算，才思敏捷，因而深得曹操喜爱。不过，荀攸在与那些同僚相处时，从来不锋芒毕露。哪怕在曹操面前，他也显得很沉默愚钝，更不争夺功劳。要知道，曹操生性多疑，荀攸正处于曹操的政治和权力中心，必然要面对

各种复杂和残酷的斗争。他之所以能够保全自己，既不得罪曹操，也不惹恼同僚，就是因为他从不恃才傲物，而是始终表现得胆小怯懦、文质彬彬、低调谦卑。为此，不管其他同僚之间的斗争多么激烈，他们都很少把矛头指向荀攸。在跟随曹操的20多年时间里，荀攸始终屹立不倒，这完全得益于他的生存智慧。对此，曹操赞美荀攸有大智慧。

每个人行走在人生路上，不管境遇如何，一定要牢记低调的原则和道理。不管什么时候，我们都不能连蹦带跳地走路，否则很容易一不留神就被脚底下的石头绊倒。我们唯有一步一个脚印，坚定不移地走好自己的人生之路，才能避免因为盲目冒进或者是招人嫉恨，受到伤害。

当然，低调做人做事并非意味着软弱怯懦，在任何事情面前都当缩头乌龟。相反，低调做人做事的人心里一定是有大主意的。他们很清楚自己应该怎样才能强大起来，也知道如何躲避人生中的凶险暗流和礁石。很多智者都说人生如履薄冰，如临深渊。的确，人生之中有很多陷阱和我们没有发现的黑洞，我们必须谨慎小心，才能踏踏实实走完一生。

第 08 章

注意脚下的小石子——不被关注的它，可能更容易把你绊倒

走在大路上，我们或者注意到道路两旁林立的高楼，或者注意到远处的重峦叠嶂和美丽景色，唯独忘记留意我们的脚下，那些从未曾得到我们关注的小石子。很多时候，我们之所以在人生的道路上遭遇挫折，并非是因为那些看起来非常显眼、不容忽视的障碍，而是这些微不足道的小石子。它们更容易让毫无防备的我们摔倒，而且会使我们摔得很难看。

不要相信那些花言巧语蛊惑你的人

在这个世界上，我们每天都要与形形色色的人打交道，人际关系成为任何人都无法回避的问题。小而言之，哪怕去市场买菜，我们都需要与卖菜的人交流沟通。大而言之，我们在学习上工作中要想有所成就，除了自身努力之外，也要与团队里的成员更好地合作，并且要多多结识贵人提拔和点拨我们。人心，是最复杂的。正所谓“画虎画皮难画骨，知人知面不知心”。我们要想打开他人的心扉，就必须学习一些心理学知识，了解他人的心理，才能更加贴近他人的内心。然而，并非每个人都是心理学家，也并非每个人都能成功打开他人的心扉。在与人相处的过程中，我们必须坚持一个原则，即害人之心不可有，防人之心不可无。哪怕我们无法洞察他人内心，也要小心防范那些花言巧语的人，以免被他们蛊惑。

常言道，谁人背后不说人，谁人背后无人说。的确，人与人交往，彼此之间总是喜欢相互评价和判断。然而，还有一句俗语说，路遥知马力，日久见人心。人与人相处，相互了解和认可，绝非朝夕之间的事情。世界上的万事万物都处于不断的发展变化之中，我们也必须以与时俱进的眼光看待他人，而不要戴着有色眼镜看人，这对人是极其不公平的。所以，我们在不确定自己真正了解他人之前，更不要轻易给他人下定论。古人云，盖棺定论，意思是说必须等到一个人死后才能对其功过是非进行评价。言

外之意，在一个人活着的时候，他总是在不停发展变化的，不能对他妄下定论。由此可见，评价一个人是很难的，一个人的人生也绝不是一成不变的。所以我们要加倍警惕，不要被花言巧语的人蛊惑，一定要花费更多的时间，用心观察对方，甚至可以在危难时刻考验对方，才能真正做到信任对方。

森林之王狮子统治森林很多年，身体渐渐老迈，体力大不如前。又因为生病，狮子已经连续好几天无力走出山洞去觅食了。因此，它决定采取智谋获得食物，而不再辛苦地四处奔波。想好主意之后，它不再像前几天那样每天去洞口晒太阳，而是躺在山洞的深处大声呻吟。森林里的很多动物都想讨好狮子，因而它们接二连三地来探望狮子。

对于每个走进山洞里的动物，狮子毫不客气，总是以各种办法诱惑小动物们走到它的身边，然后它就张开血盆大口把小动物吃掉。狐狸当然知道狮子不好对付，但是又怕狮子病好之后怪罪它，因而也怀着一颗警惕的心来到狮子的山洞里。不过，狐狸很聪明，它站在远离狮子的洞口处，无论佯装友善的狮子怎么引诱它，它都绝不往前走一步。狮子不由得生气了，愤怒地说："你是来探望我的，难道你还怕我吃掉你吗？"狐狸笑着说："我当然知道我是来探望您的，也知道您不会吃掉我，因为我离您实在太远了。但是，我很为其他动物担心，因为如果它们不够聪明，就会像我看到的这些有去无回的脚印一样。"说着，狐狸指了指狮子身边的那些脚印，那些脚印在到达狮子身边之后就都消失了，全都有去无回。

这个寓言故事告诉我们，对于花言巧语的狮子，虽然它高高在上，是百兽之王，但是依然要保持警惕，否则就会像大多数动物一样葬身狮口。幸好狐狸非常聪明，它怀着警惕之心去探望狮子，在见到狮子之后又认真仔细地观察，最终证实了它的猜测：那些前来探望狮子的小动物都被狮子吃掉了。这样一来，无论狮子如何蛊惑它，它自然都坚定不移，绝不靠近

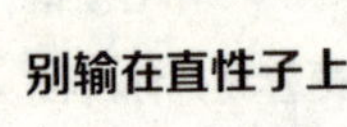

狮子一步。

如今的世界也是非常复杂的，尤其是社会生活中那些错综复杂的人际关系，更是使我们感到非常头痛和为难。所以，我们必须认真细心，积极主动，才能想方设法走进他人的心灵，打开他人的心扉，对他人观察入微，把握他人的心理动态。否则，一旦我们被他人的花言巧语迷惑，最终受伤害的只能是我们自己。

有的时候，敌人与朋友会相互转化

常言道，多个朋友多条路，多个敌人多堵墙。的确，在人生之路上，我们因为有了朋友的陪伴和扶持，所以走得更好。一旦离开了朋友，四处树立，导致我们人生的路处处都被堵死，我们还如何能够成就自己呢！还有人说，这个世界上没有永远的敌人。在世界日新月异的今天，这句话是非常有道理的。这句话告诉我们，所谓敌人和朋友并非是绝对的、固定不变的关系。再亲密无间的朋友，一旦由于各种原因导致被离间，甚至有可能反目成仇。相反，哪怕是见面眼红的敌人，在共同的利益面前，或者因为其他原因，也有可能化敌为友，甚至成为莫逆之交。我们必须认识到，敌人和朋友之间是会相互转化的，关键在于我们如何起到主导作用，调整自己与他人之间的关系。

英国大名鼎鼎的外交家托马斯·潘曾经说过，人类没有永恒的朋友和敌人，只有永恒的利益。看似世界很大，实际上我们都生活在地球村，那些发誓再也不见的敌人，也许不知道什么时候就山不转水转地邂逅了。后会有期并非是一句空话，而是每天都在现实生活中上演。因而，朋友们，千万不要憎恶你的敌人，只要没有不可原谅的血海深仇，我们不如从敌人

的角度考虑问题，更多地谅解敌人。此外，也不要因为小小的利益就与朋友反目成仇，归根结底朋友是我们一生的陪伴，很多时候如果没有朋友，我们会变得寂寞无聊，甚至不知所措。因而，我们必须保持宽容的心态，也更加平静地对待朋友或者是敌人。这么做，我们不但是在宽容别人，也是为自己留下回旋的余地。

有一次，大名鼎鼎的卡耐基去参加一个宴会。在这个宴会上，有个商人因为生意上的原因，对卡耐基心怀芥蒂，因而他趁着人多的场合，居然高谈阔论，肆无忌惮地抨击卡耐基，不断指责和辱骂卡耐基，还编造了很多莫须有的罪名安在卡耐基的头上。正当这个人口若悬河、滔滔不绝地说时，卡耐基已经悄无声息地到了人群后面，也耐心地倾听着他的演讲。宴会主人留意到这个现象不由得心急如焚，他很担心卡耐基一旦无法忍受，就会当面质问那个商人，由此一来主人精心准备的聚会就会马上变得不愉快，甚至还会成为他们唇枪舌剑的战场。

出乎主人的意料，卡耐基始终面色平和地站在那里听讲，就像是人群中间的那个人正在抨击的不是他，而是其他人一样。那个商人说着说着，突然看到卡耐基就在人群里，不由得心惊胆战，马上羞愧得满脸通红。他不知道如何面对卡耐基，恨不得找个地缝钻进去，但是卡耐基看到他演讲结束，却面色平静地走上前去，热情地握住他的手，似乎自始至终从未听到他在说自己的坏话一样。商人的脸时而红、时而白，他结结巴巴，不知道应该和卡耐基说些什么。为了给他解围，卡耐基特意端了一杯红酒给他，缓解他的窘态。次日，商人特意上门拜访卡耐基，感谢卡耐基前一天没有当众给他难堪。从此之后，他不仅和卡耐基尽释前嫌，还与卡耐基在生意上有了更多的合作。当时见证了整件事情的人，也给予了卡耐基极高的评价，认识到卡耐基是一个非常宽容友善、心胸博大的人。从此之后，卡耐基的人缘更好了。

当一个人无意间发现另一个人正在背后说自己的坏话时，一定会感到非常愤怒。毕竟，无缘无故地蒙受不白之冤，是最让人气愤的。但是，卡耐基对于这样的情况却非常平静，这并非因为他不在乎自己的名声，而是因为他聪明睿智，知道与其多树立一个敌人，不如多结交一个朋友。化敌为友，是我们征服敌人的最好方式，这样敌人的一切优势都会成为我们的优势，为我们所用，增强我们的力量，远远比我们与敌人争锋相对、鱼死网破好得多。

实际上，敌人和朋友只是相对而言的关系，就像美与丑也是相对存在的一样。世界上所有事情都是对立存在的，同时也保持统一的关系，人际交往也是如此。正如刺猬一样，人与人之间也是离得近了彼此扎得慌，离得远了又无法相互依偎着取暖。所以我们处理人际关系时，也必须先抓主要矛盾，再抓次要矛盾，团结一切能团结的力量，最大限度增强我们的实力。当然，这么做的前提是我们必须有一颗宽容友善的心，才能做到宰相肚里能撑船。

为他人保留颜面，很多话不能公开说

这个世界上每个人都有自己独特的脾气秉性和思想、观点等，这也就注定了人与人之间相处的过程中，难免会因为各种或大或小的不同，从而产生摩擦，发生争执。难道我们能活在真空中，不与任何人接触，从而逃避这样的命运吗？当然不能。人是群居动物，每个人不但是自然的人，更是社会的人，必须融入社会生活，才能更好地生存。所以，这些矛盾、摩擦和争执，都是人生中的常态，都是难以避免的。

在人际交往过程中，当我们与他人对立时，尤其是我们觉得自己占据

道理的情况下，我们是直截了当指出他人的错误，还是等到合适的时机再委婉告诉对方呢？聪明的朋友当然知道，人人都很爱面子，也愿意维护自己的尊严。哪怕是对于懂事的孩子，我们也不能当着他人的面呵斥，更何况是对成年人呢！所以，为了给他人保留颜面，不到万不得已，我们有些话是不能公开说出来的，否则一旦伤了他人的自尊和颜面，他人一定会记恨我们，我们与他人的关系也会急速恶化。

与人相处，真诚友善是第一原则。当然，要想与他人之间建立良好的关系，仅仅做到这一点是不够的，因为人际关系微妙复杂，既不是文科里简单的背诵，也不是理科中一加一等于二。相处过程中，我们还要用心揣摩他人的心理，了解他人的苦衷，知道他人的喜好，才能更加贴心地对待他人，从而打开他人的心扉。所以不管我们对于他人是位高还是位卑，也不管我们与他人的关系是亲密还是疏远，我们都要记住这个原则，绝不能伤害他人的自尊和颜面。

唐朝时期，唐高宗李治在位。朝廷里有个大臣叫褚遂良，性格耿直，经常向唐高宗直言进谏。有一天，李治因为不喜欢王皇后，所以想要废后，另立武则天为后。这个想法在朝廷里引起轩然大波，满朝文武百官无一不表示反对。然而，为了避免触怒龙颜，掉了脑袋，他们全都敢怒不敢言。褚遂良作为先王的托孤重臣，此时此刻义无反顾地站出来，当朝就列举各种礼遇，反对李治的做法。当然，他最有力的理由是，武则天已经侍奉过先皇，如今不能再侍奉李治，更不能成为李治的皇后。他还义正词严地警告李治，假如他执意要这么做，一定会被天下人耻笑的。

李治听到这些话非常生气，但是褚遂良的话句句合情合理，而且全都是为了李家的江山社稷考虑，所以他并没有当众发火。后来，李治下了朝，把这件事情告诉武则天，武则天不由得怒火中烧，发誓一定要除去这个挡住她人生之路的人。后来，在又一次上朝时，李治再次提出一定要立

武则天为皇后，这次和上次一样，全朝官员依然敢怒不敢言，只有褚遂良站出来公然反对，导致李治很没面子，下不来台。后来，在武则天的枕边风之下，李治把褚遂良贬到偏远的地方当官，最终客死在他乡。

历朝历代，都有谏臣。他们冒着生命危险时刻提醒皇帝，警示皇帝，有的得到皇帝的重用，有的却被皇帝怨恨。究其原因，一则在于皇帝是否英明，二则在于谏臣进谏的方式。唐太宗李世民在位时，对于谏臣魏征非常器重和尊重。魏征去世，他心痛惋惜，还说出了流传千古的话："以人为镜，可以明得失。"当然，唐太宗英明贤德，但是魏征作为谏臣也是很注意进谏的方式方法。像褚遂良这样虽然对李治忠心耿耿，但是却因为当着满朝文武百官的面让李治下不来台，最终他的建议非但没有被李治采纳，而且还落得个客死他乡的悲惨下场。

别说是贵为天子的皇帝，就算是一个小小孩童，也是非常要面子的。假如褚遂良在进谏的时候能够多多重视方式方法，在私底下以委婉的表达进谏，那么即便他无法改变李治的心意，阻止事情的发生，也能够保全自己。朋友们，现代社会当然人与人之间更加平等，但是顾全他人颜面的原则始终是人际交往的首要原则。就像是对我们的孩子，在教育他们的过程中，我们也同样要选择最佳方式，才能取得最好效果。反之，假如我们说起话来不分时间、场合，也不管说话对象能否接受，就不管不顾地胡说一通，那么一定会事与愿违，甚至由此引起他人对我们的憎恨。直言不讳当然是一种美德和品质，但是未必适合用在所有场合。所以，我们一定要把思路变得灵活一些，有的时候我们可以以退为进，或者曲线救国，也许能够得到更好的结果。

很多时候，“间接”人物能够起到“直接”作用

人生在世，一个人即使能力再强，也不可能仅凭一己之力搞定所有事情。所以现代社会越来越重视人际关系，也把人脉资源作为非常重要的资源对待。在这种情况下，当我们遇到凭借自己的能力无法解决的问题时，我们可以求助于那些和我们有交情的人，也可以四处托关系找熟人帮助自己。

所谓世上无难事，只要肯攀登。人生遇到再大的困难，只要我们目标明确，全力以赴，就一定能够排除万难，获得成功。但是，有些时候我们认识的人未必能够真正帮到我们，那么我们是放弃呢，还是迂回曲折，曲线救国呢？心思灵活的朋友最终会发现，我们如果找不到直接能够帮助我们的人，还可以找那些能够间接帮助我们的人。这些人因为与我们不是直接利益挂钩的，也许反而更容易接近，也更好沟通和交流。当我们费心找到他们，并且打动他们之后，我们的困境也就会迎刃而解。

也许有些朋友会觉得自己人脉资源少、人际关系差，很难找到能够帮得上忙的人。其实，这种观点完全是错误的。曾经有心理学家证实，人际关系非常神奇，只要辗转几个人，我们就会找到能帮得上我们的人。毕竟在这个世界上，人与人之间并非孤立存在的，错综复杂的人际关系就像是一张大网，使得每个人都被这张网覆盖。

马先生是日本某机电的职员，有一次，他作为公司代表，与南京的一家五金公司就某种稀有金属的购销业务进行洽谈。为了圆满完成任务，马先生特意登门拜访五金公司，只为了对五金公司一探虚实。然而，等到他真正走入五金公司的办公室时，不由得大失所望。原来，原本应该整洁有序的办公室里，报纸满天飞，办公桌上除了凌乱地摆放着办公用品之外，居然还有很多脏兮兮的碗筷。那些业务人员或者在聊天，或者在煲电话

粥，或者在看报纸，看到马先生全都无动于衷。无奈之下，马先生只得掏出自己的香烟，双手递给那些员工，才打探到五金公司的负责人不在。随后的时间里，马先生独自等待着，显得很尴尬。有个小伙子也许是看到马先生很难堪，有些于心不忍，因而坐到马先生旁边，和马先生有一搭没一搭地说着话。

马先生如同抓住了救命稻草一般，马上热情地和小伙子攀谈起来。小伙子看透了马先生的心意，赶紧表示自己只是个小员工，根本无权决定这么大的生意，更没有能力促成这么大的生意。虽然马先生不厌其烦地教小伙子如何促成这单生意，但是小伙子最终接连摆手说："您别说了，这单生意对我没有任何好处，我可不想白费劲儿。"看到小伙子这么抵触，无奈之下，马先生只好和小伙子聊起当下的娱乐明星。果然，小伙子两眼冒光。他还告诉马先生，他最喜欢的某歌星下周会在南京开演唱会。这时，马先生说："小伙子，如果你能促成这单生意，我会为你提供演唱会的前排门票。"小伙子有些不相信马先生，马先生看到负责人还没有回来，当即去黑市购买了10张前排门票。他给办公室里的10个人全都发了昂贵的演唱会门票，要知道这些门票可是有钱也买不到的。整个办公室里的氛围马上改变，大家全都围在一起为马先生出谋划策，告诉他如何才能成功签约。后来，负责人回来之后，在大家你一言、我一语的帮助下，这笔生意如愿以偿地成功了。

虽然马先生和五金公司的负责人拉不上关系，但是他思路活泛，意识到可以曲线救国，因此马上以演唱会的门票贿赂负责人身边的这些人。结果，在这些人积极的出谋划策之下，他顺利与五金公司负责人洽谈并签约，圆满完成了工作任务。

商场如战场，为了获得成功，职场人士也真的需要很拼。当然，一味地使蛮劲儿是不行的，除了要尽人力之外，我们还要学会利用各种各样的

关系，这样才能帮助我们提高效率，事半功倍，获得成功。很多时候，间接人物也会起到我们意想不到的直接作用，所以，朋友们，我们一定要心明眼亮，不要错过每一个能够帮助我们获得成功的人！

强大之后，再与他人针锋相对

常言道，人在屋檐下，不得不低头。现代社会，我们每个人都要以实力为自己代言，才能为自己赢得一席之地，也才能让自己站稳脚跟。哪怕我们说得再好听，说得再冠冕堂皇，假如我们缺乏实力，也是无法强硬起来的。尤其是在求人办事或者是力量不如别人的时候，我们只能委曲求全、忍辱负重。否则，我们就会以卵击石，自找难看。

当然，“不得不”这三个字透露出太多的无奈。的确，人生在世，谁不愿意扬眉吐气地活着呢！遗憾的是，扬眉吐气是需要资本的。就像在工作中，假如我们专业技能很强，人际关系经营得很好，而且具有权威，那么我们自然能够一呼百应，成为群龙之首。与此相反，假如我们在工作上没有太好的表现，而且不管做什么事情都不能独当一面，反而要求助于他人，那么我们如何与他人抗衡呢？当我们委屈地退让，心中却有所不甘时，我们与他人的关系必然因为我们的心理失衡变得更加艰涩。

我们不如把“人在屋檐下，不得不低头”这句话改一改，改成“人在屋檐下，一定要低头”。没错，我们只能心甘情愿地低头，而且不要对对方有任何芥蒂。这样一来，我们才能减少与他人的摩擦，避免给自己的发展设置障碍，也才能心平气和地、积极主动地提升自己，也才能让自己变得真正强大起来。这种力量更加柔软坚韧，也代表着更高明灵活的处世哲学。

汉朝时期，北方的东胡国仗着势力强盛，经常欺负周围的弱小国家。尤其是与它相邻的那个小国，更是经常受到它的欺负和侮辱。有一次，东胡国派出使者出使邻国，要求邻国把全国最好的骏马送给东胡国王。对此，邻国国王怒火中烧，但是他并没有被愤怒冲昏头脑，而是想到自己的国家如今国力衰弱，根本不足以与强大的东胡国抗衡，因此他思来想去决定忍气吞声，先维持和平，等到国力强盛之后再与东胡国决一死战。为此，他不顾文武百官的反对，把全国最好的骏马送给东胡国。

没过多久，目中无人的东胡国王突发奇想，居然派出使者带着他的亲笔信，来到邻国讨要王后。这可不是抢夺，而是对邻国的莫大侮辱。全朝文武百官得到消息后群情激奋，大家都一直要求国王马上发兵，讨伐东胡国。然而，国王很清楚如今依然时机未到，因此他再次隐忍，把自己貌美如花的结发之妻送给东胡国国王。此时，东胡国国王非常得意，觉得邻国已经成为自己的囊中之物。

东胡国国王越来越肆无忌惮，居然派出使者向邻国国王索要两国交界之处的土地。在国王前两次做法的影响下，这次有些大臣建议割地换取和平，国王却愤怒地拍案而起："土地是国家的根本，决不可失去！东胡国国王欺人太甚，如今，到了我们消灭东胡国的时候了！"此时，正值举国上下同仇敌忾的好时候，国王一声令下，全国上下都积极响应，很快就消灭了得意忘形的东胡国。

毫无疑问，这个小国国王是非常聪明的。他起初知道国家实力不强，不足以与东胡国抗衡，因而忍气吞声，不但献出骏马，还献出自己的结发妻子。这样一则能够麻痹东胡国国王，二则也为他自己争取了更多的时间提升国力，做好准备。在东胡国国王得意忘形地再次来讨要土地之际，他才抓住这恰到好处的时机，号召全国上下都同仇敌忾地发兵东胡国，最终彻底消灭了东胡国。

人是情感动物，每个人都有自己的性情，但是我们却不能因为所谓的尊严就失去理智，仅凭冲动行事。要知道，一个人假如总是任性而为，一定是会酿成大错的。尤其是在自身实力不够强，而且没有足够的资本与他人抗衡时，肆意妄为更是自取其辱。古人云，天时、地利、人和，我们也要耐心等待最好的时机，才能一举得胜。

对于心怀不坦荡的人，要敬而远之

人生坦荡的最高境界，就是做人做事，无不可对人言。但是，生活中这样的坦荡之人实在太少，大多数人都是普通人，有着自己不可告人的秘密，虽然从不害人，但是也很注意保护自己。除此之外，还有一种人。他们就是狡猾奸诈之人。当然，狡猾奸诈之人也分为两种。第一种，他们长相上就透着诡诈，人们总是能够提前防备他人，从而有效保护自己。还有一种人，他们看似忠厚老实，而且表现得也中规中矩，甚至有时候还显得很无辜的样子，但是实际上他们心眼特别多，城府特别深，这都不是最重要的，最重要的是他们特别喜欢害人，是人类不折不扣的害虫。和那些看起来就很狡猾奸诈的人相比，这种隐藏至深的害虫显然危害性极大。因为我们从他们的脸上看不出“坏人”二字，所以对他们毫无防备。这种情况下，我们无疑在明处，他们无疑在暗处，因而他们陷害我们会让我们更加防不胜防，我们也会损失惨重。

对于这样的人，我们必须敬而远之。哪怕他们现在还没有对我们下刀子，但是终有一日，他们也会对我们下手的。与其等到受伤害之后追悔莫及，不如现在就离他们远远的，让他们对我们根本没机会下手。纵观历史，那些心怀坦荡的君子总是被小人陷害，这主要是因为君子不屑于采取

任何计谋和小人斗，又因为小人在暗处，君子在明处，所以君子非常被动。随着时代的发展，我们的思想也应该更加灵活，一定要避免无谓的牺牲。假如我们能够多学几招，既能与坦荡之人打交道，也能与小人斗智斗勇，岂不是两全其美么！

唐朝名将郭子仪不但在战场上骁勇善战，攻城夺寨，而且在与他人相处的时候也机智灵活，尤其擅长对付小人。他对待小人有自己的原则，那就是敬而远之。他常说的一句话是，宁肯得罪君子，不要得罪小人。的确，这话很有道理，得罪了君子还可以明刀明枪地来，但是得罪了小人，就只能被动地等着小人下刀子了。

安史之乱后，郭子仪因为平定战乱有功，官位晋升，红极一时。但是他丝毫没有懈怠，而是加倍小心防患小人。有一次，郭子仪生病在家没有上朝，同朝为官的卢杞知道后，特意去郭子仪家探望。卢杞这个人在朝廷里声名狼藉，他长相丑陋，一看就是狡诈小人，为此朝廷里的文武百官都对他敬而远之。然而，在朝廷里位高权重的郭子仪并不想得罪卢杞，因而在听到门房禀报卢杞求见后，他马上更衣，穿朝服，然后又下令让家人全都退避，这才接见卢杞。看到郭子仪如临大敌的样子，妻子在卢杞走后问郭子仪："你可是当朝重臣，很多比卢杞更大的官员来拜访，也没见你这么紧张和重视啊！"郭子仪笑着说："你有所不知，卢杞是个阴险狡诈之人，而且长相奇丑。假如你们在场，看到他的长相之后哑然失笑，那么一定会招致大祸。一旦他未来苦心钻营，获得高位，那么我们整个家族都会因此遭殃。"

后来，卢杞成为当朝宰相，果然马上对曾经怠慢他的人展开报复。但是因为郭子仪对他始终毕恭毕敬，所以他从未对郭子仪动过不好的心思。

如果郭子仪在卢杞没有当宰相之前，也对卢杞不以为然，甚至嘲笑卢杞，那么等到卢杞成为宰相之后，他一定难免遭殃的噩运。不得不说，郭

子仪对付小人的确是很有一套，他既没有像很多人一样对卢杞义愤填膺、不以为然，也没有公然对抗卢杞，更不曾怠慢卢杞。所以，他才能官运亨通，保全自己。

宁肯得罪君子，也不得罪小人，这样的选择是很有道理的。不管什么时候，我们都不能忽视小人的危害。毕竟小人生活在暗处，而且有很多小人还很会掩饰，这使他们的危害性倍增。人们还常说，明枪易挡，暗箭难防，也是同样的道理。

很多小人尤其善于琢磨他人的心思，投机钻营他们是一把好手，所以他们之中不乏有人得到重用。还有些小人心思狭隘，睚眦必报。因而在现实生活中，我们千万不要对小人感到松懈，要始终提高警惕，这样才能免遭小人陷害，保全自己。

感谢那些曾经“修理”你的人

每个人在这个世界上生存，都不可能完全孤立地存在，时代越是进步，社会越是发展，我们与他人之间的关系也就变得越来越密切。发自内心说，我们都希望自己能够与友善宽容的人相处，而希望我们的身边没有尖酸刻薄、严厉刁钻的人。遗憾的是，生活从来不以我们的意志为转移，我们也无法让那些我们不喜欢的人赶紧离开我们的身边。因此，我们只能改变自己，学会与那些我们不喜欢的人相处。

其实，不招我们喜欢的人并非都是所谓的坏人，诸如父母总是盯着我们写作业，父母不是坏人。再如，老师有的时候会因为我们犯错误而严厉批评我们，老师也不是坏人。当我们长大成人走入工作岗位，陷入激烈的竞争之中，我们的对手虽然常常战胜和超越我们，让我们尴尬难堪，但是

他们也不是坏人。每个人都像是一株小小的树苗，在成长的过程中总是要数次接受修剪，才能长成参天大树，对于那些曾经“修理”过我们的人，我们不要片面看待，而要理性看待。如果没有那些“修理”我们的人，我们如何成为今日的栋梁之材，如何拥有今日的伟大成就呢！说不定我们早就已经枝蔓旁生，误入人生歧途了。因此，朋友们，假如你们想让自己在人生路上取得更大的成就，获得更大的成功，就必须走出心理误区，不要对那些曾经“修理”我们的人心怀怨恨。试想，一个人如果不认为你是可塑之才，而是觉得你朽木不可雕，那么他还怎么会花费时间和精力耐心雕琢你呢！正如人们常说的，嫌弃苹果的人才是真正买苹果的人。我们也要说，对我们挑剔和苛责并且督促、激励我们进步的人，才是真正对我们好的人，才是成全和成就我们的人。

韩信年轻时家道中落，他渐渐变得不学无术，经常腰佩宝剑在街上四处闲逛。有个恶少一直看韩信不顺眼，终有一天他逮到机会，侮辱韩信：“尽管你身强体壮，而且佩带宝剑，但是我知道你是个不折不扣的胆小鬼。假如你想证明自己不是胆小鬼，不怕死，那么你就拔出宝剑，把我杀了。但是，如果你不杀我，你必须从我的裤裆下面爬过去，我才会放过你。”韩信听到少年的话，感到非常为难。他很清楚，自己如果把少年杀了，那么自己也活不成，或者被流放，或者被处死。因而他冷静地看了看这个少年，发现少年人多势众之后，最终选择趴在地上，从少年的裤裆底下爬过去。围观的人看到韩信如此胆小怯懦，纷纷嘲笑韩信。

发生这件事情之后，韩信告别经常接济他的老婆婆，决定一个人行走天下，建功立业。他得到刘邦的赏识，为刘邦做出了很多贡献，因而被刘邦派去管理齐国。后来，项羽杀死楚怀王，因而刘邦又让韩信管理楚国，成为楚王。在韩信走马上任之前，楚国人得知韩信要来管理他们，全都不以为然。要知道，他们还以为韩信是当初那个吃不饱饭、四处流浪的穷小

子呢！得知韩信要来接管楚国，当年曾经让他蒙受胯下之辱的那个恶少心惊胆战。他深信不疑韩信会找他复仇，但是当韩信到达楚国之后，先是去报答给他饭吃的那个老婆婆。后来又去感谢了其他恩人，最后居然把当年的恶少封为中尉。看到他人的不理解，韩信解释说：“当年，我正是因为蒙受这位壮士的胯下之辱，才有了今日的成就。”

四处游荡、不务正业的韩信，如果没有被恶少侮辱，也许就不会痛定思痛，有今日的成就。其实，每个人在人生路上都会被他人“修理”，这些“修理”我们的人或者是我们的亲人朋友，或者是陌生人，或者是对我们居心叵测的人。总而言之，不管被谁“修理”，我们都要更好地面对人生，把握命运，否则我们就会失去主动，只能被动地接受命运的安排。

生活就像一面镜子，我们以怎样的态度面对生活，生活也必然给予我们怎样的回馈。在残酷的现实中，我们必须鼓起勇气，绝不退缩，才能把事情做到尽善尽美，也才能得到生活的慷慨馈赠。很多人对于身边的人非常严厉，总是不加掩饰地当即指出身边人的错误和不足，虽然身边人当时也许会觉得颜面受损，实际上未来是应该感谢他们的。归根结底，树木经过修剪才能挺拔，花草经过修剪才能秀美，人更需要修剪才能成形。就像在封建社会，学徒要想学会一门手艺，必须先给师傅家当很长时间的免费劳动力，然后再接受师傅的严格管教，才能学成出师一样，我们任何的成就都不是平白无故得来的。所以，职场上的朋友们，也许你们也被他人“修理”，那么千万不要憎恨和排斥他人。唯有我们以积极的心态面对那些挫折和磨难，我们的人生才能真正获得进步，充实而有意义。

| 第 09 章 |

懂得转弯才不会碰得头破血流——求同存异是一门学问

这个世界并没有本来的样子，它现在的样子，就是它本来的样子。所以，我们在这个世界上生存，一定要有一颗灵活善变的心。每个人都有属于自己的人生，每个人的人生之路也是完全不同的。我们既然不需要和别人完全一样，也不能强求别人和我们保持一致。在重要的原则性问题上，我们当然要坚定立场，但是对于那些无关紧要的问题，我们必须学会接受不如我们意的结果。唯有如此，我们才能畅行人生。

求大同而存小异，才能更好地生存

常言道，物以类聚，人以群分。近朱者赤，近墨者黑。毫无疑问，性情相近的人之间总是相互吸引，这是人之常情。通常情况下，一个人即使再完美，也无法得到所有人的认可和满意，更无法和所有人成为亲密无间的好朋友。这是因为人们之间总是有不同的，我们之所以可以学着和性格不同的人相处，就在于我们和他们之间能够求同存异，因而更好地融合。尤其是在现代职场，很多人都在抱怨和同事以及上下级相处困难，殊不知，没有任何人的身边都是自己喜欢的人，我们每个人都要面对不同的人。既然注定我们无论走到哪里都无法避开那些我们不喜欢的人，我们为何不学着宽容一些，和他们更好地相处呢?

世界不是由我们的眼睛和心灵决定的。人生不如意十之八九，任何情况下，我们都必须接受那些不如意，或者是我们打心底里不喜欢的人和事。我们是人，而不是无所不能的神仙，所以我们无法随心所欲地改变这个世界或者任何人。我们与其花费宝贵的时间抱怨那些人惹我们生厌，不如调整自己的心态，让自己变得更加宽容理性，也睿智地认清生活的本质。

一个真正的人际交往高手并非是与自己喜欢的人搞好关系，而是能够与自己不喜欢甚至是厌恶的人和谐相处。当我们抱怨对方使我们难受的时候，应该想到对方也许正在容忍我们，强忍着才没有抱怨我们同样使他们

难受。所以，设身处地地为他人着想，是我们与自己不喜欢的人友好相处的第一步。

作为上海人，西西出身在知识分子家庭，童年是在无忧无虑之中度过的。在父母的安排下，她一帆风顺地读书、工作，从未遭遇过任何挫折。如今，她是一家时尚杂志的编辑，也已经与她的初恋情人——她的大学同学结婚了。她的婚姻生活幸福美满，丈夫也对她疼爱有加。

近来，西西所在的办公室里调来一个编辑小王。这个编辑据说是从西北调来的，而且是个离婚的男人，甩掉了在西北的妻子，如今正在和主编的侄女谈恋爱呢。向来爱情至上的西西，一直不喜欢这种功利心强的人，更何况这个男人还为了自己的前途抛弃妻子呢！所以，西西对小王始终心怀芥蒂，在办公室里很少与小王搭讪。这个星期，主编安排小王跟着西西学习如何做时尚新闻，西西虽然无法拒绝，但是整个人却变得闷闷不乐。她甚至觉得与这种渣男合作，把自己都玷污了。经过一天的勉强相处，西西下班回到家里依然愁眉苦脸，丈夫不知道西西怎么了。在问清楚事情缘由之后，丈夫不由得啼笑皆非："你这个傻丫头，人家离婚还是和主编的侄女谈恋爱，关你什么事情啊！而且，他的经历也许并非如你所想的那样，毕竟夫妻间的事情外人是看不懂的。我觉得对你没有任何影响啊，你只要把他当成一个普通同事就好，又何必强求人家尽善尽美呢！"次日，西西和小王一起完成了头天的采访稿，也许是因为受到丈夫的影响，她发现小王真的很有才华，而且为人勤奋，是个才子。在他们的稿件得到主编赞赏之后，西西反省自己，认为自己的确有失偏颇。她决定以后就把小王当成普通同事，而且也提醒自己不要再站在道德的制高点煞有介事地指责他人。后来，西西与小王居然成为非常默契的好搭档，为社里提供了很多高质量的稿件。

为人在世，不可能处处顺心如意。尤其是对于身边的人，我们或者接受，或者只能逃避。显而易见，逃避不是办法，因为逃得了一时却逃不了一世。其实，每个人都是有优点和缺点的，我们根本不可能做到十全十美、无懈可击。所谓己所不欲，勿施于人，在这种情况下，我们必须把握好合适的度，千万不要自以为是地指责他人。

职场上，有很多心思纯粹的朋友不喜欢委屈自己，而且总是凡事都看不顺眼。实际上，除非你自己开公司，否则你根本没有权力决定公司里有谁没谁。退一步而言，就算我们自己开公司，也不可能完全凭着自身的喜好决定是否聘用他人。归根结底，我们只有调整好心态，才能更好地面对这个不那么顺眼的世界。

礼尚往来，是人际交往的润滑剂

中国社会历来讲究礼尚往来，因而不管是有求于人，还是到了佳节，彼此有交往的人之间总是相互送礼，表达自己对他人的深情厚谊。然而，随着时代的发展，很多传统的习惯被颠覆，有些人觉得送礼纯粹是一种形式，根本不能代表任何人的真情实意。渐渐地，很多年轻人打破传统，不再坚持礼尚往来。其实，这种观点是错误的。虽然送礼未必能够表达真情实意，但是不送礼就能表达真情实意了吗？不然。不送礼，就会导致连最简单的情谊都表达乏力。

现实生活中，送礼最常见的是在有求于人的时候。古人云，衣人之衣者，怀人之忧。这句话告诉我们，一个人如果穿着别人送给他的衣服，就要为别人分担忧愁。引申之后，我们不妨将其解释为，一个人如果收取了他人的礼物，就必须为他人办事或者消除忧愁。中国是个有着几千年文化的古国，送礼的风俗更是由来已久。从古至今，不管人们是否心甘情愿，

求人办事和送礼都是密不可分的。时代发展到今天，普通年轻人为了化繁为简，不愿意继续盛行送礼之风，但是在很多权势之下，送礼之风却日渐盛行。热播的电视剧《人民的名义》中，那些高官贪污的金钱数目之大，简直令人咋舌。不得不说，送礼的歪风邪气已经严重影响了社会风气，的确需要好好治理和肃清了。

其实，送礼的习俗本身并没有错。假如脱离了功利，送礼反而能够很好地拉近人们之间的关系，加深人们之间的感情，成为人际交往的润滑剂。人的本性都是自私的，每个人都希望得到他人的认可和赏识，假如我们能够先以礼物给予他人精神和心理上的这种满足感，他人一定会非常感谢我们。由此一来，他们怎么会不投桃报李呢！所以，我们要想建立和谐的人际关系，必须从送礼开始做起，首先对他人抛出橄榄枝。常言道，礼多人不怪，这里的礼既指的是礼貌，也指的是礼物。尤其说在我们有求于人的时候，多多送礼，自然能够得到他人的倾力回报。

刘伟大学毕业后，又去了美国留学。在繁华的纽约街头，她唯一的立足之地就是学生宿舍。毕竟学生宿舍价格便宜，条件也不错，而且在学校里面，学习和生活都很方便。但是，她刚刚入学时，宿舍管理人员告诉她要一两年之后，才有可能有空余宿舍。刘伟暗暗想道，一两年之后，等到了宿舍，我也差不多毕业了。为此，她费了九牛二虎之力，好不容易才在学校旁边租了一个小小的单间，勉强容身。但是，不到两个月，刘伟就惊讶地发现，和她同时来学校的同班同学玛丽，顺利地拿到了宿舍钥匙。刘伟感到很纳闷：宿舍管理员不是说要等到一两年才能有空余宿舍吗？！

刘伟不知所以，又心有不甘，因而她有意识地接近玛丽，渐渐地和玛丽成了无话不说的好朋友。有一天，刘伟佯装什么也不知情的样子，问玛丽如何才能申请住进宿舍，玛丽高深莫测地告诉刘伟：“其实，宿舍管理员很喜欢你们中国的一些东西，诸如旗袍，诸如中国结，诸如你们中国

的茶叶。”刘伟恍然大悟，赶紧打电话回家让爸爸妈妈寄了很多中国特色的礼品和食品给她，然后她又把这些东西投其所好地送给宿舍管理员。果然，才过了一个星期，宿舍管理员就打电话给刘伟，告诉她现在有空余宿舍了。刘伟不由得感慨万千。

人在异乡为异客，尤其是年纪还比较小的留学生，离开父母的照顾来到遥远的国度，更是孤立无援。幸好刘伟还算聪明，知道要向玛丽打听消息，寻找捷径。就这样，她用一些中国的礼品和食物就得到了很多人梦寐以求的宿舍，可谓收获丰满。这就是礼物与回报之间的神奇比例。

人们常说，有理走遍天下，无理寸步难行。的确，人们不但无理寸步难行，而且还无礼寸步难行。人生在世，我们必须懂得人情世故，也要知道如何利用礼物拉近我们与他人之间的心理距离，从而让我们的需求从对方那里得到满足。现代社会处处讲理，也处处讲礼。我们必须把理和礼都做好，才能在现实生活中游刃有余。

法不外乎人情，重规则也要讲情义

如今是法治时代，法律的发展越来越完备，然而，法不外乎人情，在很多年轻人都把法律挂在嘴边的今天，我们依然要讲究情义，才能做好人和事。举个例子，这个社会上的法律和道德，都是制约人的，都说“方”。然而，如果放眼望去全都是方，这个世界也未免太枯燥了，而且会因为随处可见的方把社会变得冷漠无情。这个社会不但要有方，也要有圆。唯有如此，才能灵活变通，让一切都变得富有生机和活力。

现实生活中，不乏有些人思维僵硬守旧，过于墨守成规。他们性格耿直、思想僵硬、义正词严，绝不因为任何问题就放弃自己的原则。他们非

常看重礼仪形式，导致最终本末倒置，变得越来越僵硬和刻板。对于这样的人，生活是很残酷的，不时地惩罚他们的不知变通和思想守旧。所以，朋友们，如今的时代发展日新月异，我们也要与时俱进，才能兼顾规则和情义，也给予自己的人生更圆满的答案。

亨利是一家公司的执行董事。一直以来，他都坚持从严治理公司的原则，一则是对下属有个收敛，二则也是为了对董事会负责。

有段时间，跟随亨利很久的约翰经理始终酗酒。在亨利好几次说服自己原谅约翰之后，约翰居然在工作日午餐的时候喝多了，而且还在办公室里大闹天宫。按照公司规定，不管是工作日午餐喝酒，还是扰乱办公室秩序，约翰都够格被开除了。当秘书把约翰的行为表现汇报给亨利时，亨利虽然很犹豫，最终却依然做出了开除约翰的决定。

约翰对此无法接受，因而找到亨利。这时的约翰是清醒的，所以当亨利说清楚辞退他的理由时，他黯然离开了。没过多久，亨利从其他人口中得知原来约翰的妻子在生产小女儿的时候去世了，为此约翰深受打击。最糟糕的是，妻子还留给他大女儿和大儿子。因为母亲突然去世，他的大儿子变得郁郁寡欢，也许患上了严重的抑郁症。此外，约翰还要负责赡养妻子年迈的双亲和自己的父母。为此，他突然不堪重负，彻底崩溃。得知事情的原委后，亨利不由得开始为约翰担忧起来：如今约翰又失去工作，岂不是雪上加霜吗？

思来想去，亨利给约翰送去一笔钱，又对约翰说："先陪陪孩子，工作会有的。我保证。"约翰感动地说："不要为了我破坏公司的规矩。我会想办法渡过难关的。"后来，亨利把约翰安排到自己的私人牧场当了管家，这样他既坚持了原则，也帮助老下属度过了人生的困境。

任何规则都要建立在人情之上，任何规则如果不讲人情，就会变成冷血的规则。然而，为了把企业管理好，让企业有秩序可言，有规则可循，亨利又必须坚持规则。最终，他想出了一个两全其美的好办法，那就是自己掏钱帮助约翰，再把约翰安排到自己能力所及的其他地方工作，渡过难关。由此一来，亨利自然做得尽善尽美。

不管是在生活中还是在工作中，我们都要学会变通。唯有思想灵活，随机应变，具体问题具体分析和对待，我们才能让自己游刃有余、进退自如，也才能与他人建立和谐友好的关系。否则，我们过于分明的棱角就会伤害他人，使他人对我们心生嫌隙。朋友们，我们必须记住，规矩是死的，人却是活的，我们适当的变通就能圆满解决问题，何乐而不为呢?!

在这个世界上，唯一不变的就是改变。任何时候，万事万物都处于改变之中，我们唯有与时俱进，才能做到顺势而为。现实生活中总有人与失败结缘，这并非他们能力不足，而是因为他们冥顽不化，导致堵住了自己的出路和退路。作为现代人，朋友们，我们必须重规则、讲情义，唯有两者兼顾才能得到最好的结果。

友谊多种多样，“功利性”友谊不可怕

很多心思纯粹的人总觉得友谊就应该说纯粹的，是毫无瑕疵的。殊不知，随着时代的发展，管鲍之交那样的友谊已经越来越少见了，更多的友谊与功利扯上关系，变了味道。但是功利性友谊并不像我们想象中那么可怕，纯粹的友谊固然值得我们向往，但是功利性友谊同样能够成就我们的人生，促使我们获得成功。功利性友谊很容易让人联想到人们彼此之间相互利用，但是，如果我们与朋友能相互帮助，也能彼此扶持，何乐而不为呢！假如我们每天都为了那些毫无意义的人际关系浪费宝贵的时间和精力，我们的生活不但不会进步，反而还会退步。当然，也许有的朋友会说

人是需要灵魂伴侣的，我们却要说，人的确需要灵魂伴侣，却不是每时每刻都需要灵魂伴侣。归根结底，生活离不开柴米油盐酱醋茶的烟火气，我们也必须与生活接轨，才能更好地把握人生。

现实生活中，有种非常奇怪的现象，那就是很多人都喜欢和能力不如自己的人交往，这到底是为什么呢？其实，人的本性是很脆弱的，人人都不想承认自己不如别人，而想在与他人的比较中占据优势。所以，不难理解为何有的人交往范围很小，而且仅限于有限的不如他或者和他平起平坐的几个人。这样一来，闲来无事的时候把酒畅谈，自然心情舒畅，感到轻松自在。的确，对于没有野心的普通人而言，这样的朋友交往已经足够了，但是对于想要有所发展的人而言，这样的交往完全不足。

如今，社会上有各种各样的培训班、提升班，有些班的确是针对知识提升而言的，但是有些班却是那些有野心的人拓展人脉的最佳地方。他们借助于参加各种高档培训班的机会，结识那些公司老总等成功人士，从而与贵人攀上关系。这样一来，他们的人生必然拥有更多曙光，也得到了更多机遇。常言道，一人得道，鸡犬升天。虽然我们没有在贵人得道之前认识他们，但是在他们获得成功之后能攀上关系，也是有利可图的。从这个角度而言，这就是我们主动发起的功利性友谊。俗话说，好风凭借力，借梯能升天。尽管很多人都说人生没有捷径，但是只要能够稍微快速便捷一些获得进步，也就是所谓的捷径了。细心的朋友会发现，古今中外，很多有所成就的人都是因为得到了他人的帮助，甚至说鼎力相助，才最终获得成功的。所以在功利性友谊面前，我们既要考量他人能给我们提供怎样的便利，也要考量我们能给他人提供怎样的便利，这样才能做到互惠互利、各取所需。

当然，这并非意味着我们彻底否定纯粹的友谊。不得不说，古今中外，纯粹的友谊都是人类之间最伟大的赞歌。我们既需要与灵魂伴侣的朋友之间纯粹的友谊，也需要带着人间烟火气息的功利性朋友之间实用的友谊。其实，人与人之间的关系除了纯粹的精神关系之外，就是现实的关系，是相互扶持和帮助，是相互利用和支撑，是相互搀扶和不离不弃。

其实，人的本质就是现实而又功利的。人们对于哪些人对自己有利、有帮助，哪些人只能拖自己的后腿，导致自己受到牵绊，是一眼就能看清楚的。但是，人活着也不只是为了功利。更多的时候，我们要关注自己的心灵和灵魂，毕竟唯有把握好人生的根本，才能把握好人生的方向。

美国有位大名鼎鼎的财商教育专家，他就直言不讳地告诉民众，和成功人士交朋友是非常重要的，甚至能够改变我们的生命。相似的人汇聚在一起的时候，不但会形成强大的气场影响他人，也会共享很多珍贵的资源，诸如很多有用的信息、思维的更新角度、解决问题的思路和方法等。有些东西如今仅仅依靠我们自己摸索，也许需要漫长的时间，但是如果得到他人的点拨，我们就能茅塞顿开，节省大量的时间和精力，这不是捷径又是什么呢！此外，与成功者交往，加入成功者的圈子，我们也会得到更多的机会，从而距离成功越来越近。所以，一个人如果想成就自己的事业，就必须意识到仅仅依靠自己的能力是不够的，必须找到能够助力我们的人，我们才能事半功倍。

真正的尊贵者，反而平易近人

虽然说现代社会人人平等，但是这份平等只表现在人格上。在生活中，人们因为辈分不同，长幼尊卑有序。在职场上，人们因为官位或者职位高低，身份和地位也有很大的区别。从这个意义上来说，我们完全可以理直气壮地说人是有级别的。大多数人都无法做到完全不在乎自己的级别，平等对待他人，而是因为自己的身份地位比他人高，就表现出高高在

上的样子。甚至还有些人明明身份和地位并不高，只是当了个芝麻大的小官，也会自视甚高，对他人颐指气使。其实，这完全是不应该的。一个人的高贵与否，不应该与他的身份地位相关，而更多地取决于他的品质是否高尚、为人是否谦和。尊贵的人，反而不像那些芝麻官一样自以为是，而是平易近人，表现出自身的高素质和高涵养。

无疑，一个人要想获得成就，取得成功，赢得荣誉，绝不是简单的事情。然而，假如我么在获得人人羡慕的一切后又沾沾自喜，那么最终一定会惹人讨厌，甚至被人嘲笑。所谓高处不胜寒，我们成就越大，越应该低调、谦和、内敛。唯有如此，我们才能最大限度圆满自己，获得他人的一致好评。

作为美国的第十六任总统，林肯因为杰出的贡献被美国历史和人民都铭记在心。林肯没有接受过系统的教育，只是在边疆生活时才接受过一段时间的初级教育。他也基本没有担任过重要的职务。但是，他正是凭着自己的人道主义观点和深刻细致的观察力，才成为美国历史上屈指可数的伟大总统之一。

林肯于1860年参加总统竞选，他与民主党人的代表、大富翁道格拉斯成为竞争对手。道格拉斯财力雄厚，在竞选过程中一掷千金，这与出身贫民、缺乏财力的林肯简直有着天壤之别。毫无疑问，道格拉斯在竞争过程中更加占据优势，但是他最终却败给了林肯。原来，道格拉斯处处铺张浪费，而且在竞争过程中大讲排场，也不够尊重民众，所以最终反而失去民心。和道格拉斯相比，林肯很清楚自己的差距，但是他毫不气馁，而是脚踏实地地做好每一件事情。他乘坐火车去美国各地演讲，而且向民众发表了使人感动的演讲：“有人问我有什么，我告诉他我除了妻子和三个儿子之外，只有一间办公室，此外一无所有。我的办公室也非常简朴，里面有一张桌子、三把椅子，还有一个硕大的书架。我也很清楚我身不强，体弱，所以我只能依靠你们。”

和道格拉斯脱离群众相比，林肯始终牢牢抓住群众基础，而且发表了能够打动群众之心的演讲。毫无疑问，道格拉斯失策了，他原本以为展示自己的实力，证明自己的高高在上，就能竞选成功。让他没想到的是，他最终因为过于高高在上反而导致竞选失败。

和道格拉斯完全不同，林肯从未回避自己在竞选中的劣势，而是巧妙地以这一点抓住了人民群众的心，从而为自己争取到更多的选票。生活中，很少有人喜欢那些高高在上的人，相反，人们更喜欢朴素踏实，而且与自己来自同一阵营的人。一个人就算有功绩，但是如果不能摆正自己的位置，也是招人生厌。所以，朋友们，不管我们身份多么尊贵，地位多么高，都不要随意摆起“架子”。因为一旦你摆起架子，你非但无法把自己衬托得更高，反而会失去身边的人支持。就像鲜花不离开泥土和阳光一样，我们要想有所成就，也离不开人民群众的基础。我们要想做成一件事情，就必须降低姿态，让自己谦虚有礼，才能以尊重赢得他人的尊重，让自己的人生画卷更好地铺开。当我们位高而不自傲，更好地与身边的人打成一片时，我们一定会拥有好人缘，处处受人欢迎的。

自信的人，也要从谏如流

一个人要想获得成功，唯一必不可少的品质就是自信。因为一个人如果连自己都不相信自己，就更不能指望别人相信他，也不能指望实现自己的梦想和理想，成就自己的人生。所以，一个人能量不管多么强，都必须对自己信心十足，这样才能张开翅膀在人生中展翅翱翔。毋庸置疑，自信具有超强的能量，能够帮助我们把握自身的命运，实现自身的理想，在人生的道路上如同巨轮扬帆起航。但是，凡事皆有度，假如我们因为过于自信，导致高估了自己的能力，从而使自己缺乏自知之明，那么最终的结果一定会很难堪。

自信的人，也要从谏如流。很多自信的人自信过头，变成了自负，总是对他人的一切都持有怀疑和否定的态度，唯独相信自己。朋友们，我们当然可以自信，但是要把握好度和分寸，虚心接受他人的意见和建议，从谏如流，让我们的人生更加顺遂如意。

自信的人一定要谦虚、诚恳，降低姿态，更好地接受他人的意见和建议。否则，当我们一次又一次拒绝朋友的好心劝谏，当我们以高高在上的姿态使得朋友对我们心生嫌隙，最终我们的结局会很不乐观，甚至还会变成孤家寡人，再也没有人愿意围绕在我们的身边。不得不说，这样的结局是每个人都不想看到的，我们要未雨绸缪，防患于未然，才能最大限度经营好人脉，维持与他人的友好交往。

现实生活中，不乏自我感觉良好的人。他们总是自视甚高，觉得自己不管是智商、能力还是情商，都比他人要高出很多。在这种情况下，他们始终认为自己是对的，而其他人不管说什么都是错的，都不如他高明。殊不知，智者千虑，必有一失；愚者千虑，必有一得。任何时候，我们都必须积极主动地参考他人的意见，哪怕不全盘接纳，至少也要适当参考，这样才能有效弥补我们思想的局限和不足。不得不说，固执己见和没有主见同样是不好的，都应该适当改变。

大学毕业后，斯通不想和大多数同学一样四处奔波找工作，又因为他特别喜欢吃火锅，所以决定开一家火锅店。在和父母商量之后，父母经济能力不错，答应赞助斯通。母亲还好心好意地提醒斯通：“你舅舅以前干过餐饮，你可以抽空问问他的意见，他的经验还是比较丰富的。”斯通暗暗想道：“舅舅干餐饮都是10年前的事情了，现在是网络时代，什么网上订餐之类的他肯定连听也没听说过。我还是按照我自己的思路来吧！”就这样，斯通拿着父母给的启动资金，很快就在一条比较繁华但是没有饭店的街道上，租下了一个门面房。经过两个多月的筹备后，斯通的火锅店热闹地开张了。但是，斯通原本以为自己的店面在繁华的缺少饭店的街道上，应该生意火爆、门庭若市才对，最终却发现开业之后生意冷清，门可罗雀。苦苦支撑了几个月之后，斯通赔了很多钱，直到母亲为他请来舅舅，舅舅才一语道破天机："地段选错了。你选的这个地方地处繁华不错，人流量也很大，但是交通不便，不好停车，最重要的这条街道上根本没有其他饭店，人们当然不会来。"斯通纳闷地说："但是，我觉得饭店少好啊，这样竞争才少。"舅舅笑着说："开饭店，一定要在饭店密集的地方开。毕竟，人们不会喜欢每天都吃同样的饭菜，去饭店密集的地方，人们才可以方便地改变选择，品尝新的口味。"舅舅的话使斯通恍然大悟，他只能等到房租到期的时候才另选好的地段了。

对于妈妈的建议，大学毕业的斯通自以为是新时代的知识青年，根本不愿意考虑。而且对于开过饭店的舅舅，斯通也并不觉得他有多少经验值得自己学习。不得不说，斯通是过于自信且有些自负的，他如此轻易地涉及餐饮业，而且丝毫没有四处取经的意识，所以才会最终接连亏损，陷入尴尬的境地。

任何时候，一个人都不能完全保证自己的意见、观点和所作所为是正确的。同样，我们也没有理由全盘否定他人对我们的提出的意见和建议等。我们唯有适度自信，学会参考他人的想法，才能让自己的思想不再局限，也没有盲点，从而尽量做出明智理性的决定。

学会分享，才能打破社交中的壁垒

如今的小朋友，因为都是独生子女，所以他们之中越来越多的人变得很"独"。这种"独"指的是一个人独自玩耍、独自吃饭、独自看书、独自出行，哪怕是与幼儿园里的其他小朋友或者学校的其他同学，他们也

总是自行其是，不愿意更多地与他人交流。长此以往，他们也变得非常吝啬，拒绝分享。举个最简单的例子，对于421家庭而言，四个老人和两个父母一起看守着一个孩子，必然有什么好吃的好喝的都会给孩子吃。这是父辈和祖辈对于孩子的爱，但是却渐渐使孩子养成了独享的习惯。长大之后走入社会，从幼儿园到小学、初中……他们也依然表现出吝啬的特点，不愿意与他人分享。长此以往，他们与他人之间必然形成坚固的壁垒，导致无法与他人更好地交流和相处。

人与人之间，一切的感受和体验都是相互的。当我们慷慨大方地与他人分享，他人也必然慷慨大方地对待我们。在我们主动帮助他人一次之后，他人看到我们遇到危难情况，也会毫不犹豫地伸出援手。这样一来，我们与他人的关系怎能不亲密友好呢！反过来说，假如我们始终吝啬对他人伸出援手，眼睁睁地看着他人在苦海中挣扎，那么等到我们需要帮助的时候，他人也必然不愿意帮助我们，由此导致我们与他人之间的壁垒越来越严重。

其实，不仅仅娇生惯养的独生子女喜欢独享，很多成人也有吝啬的坏习惯。从本质上来说，吝啬不仅是一种坏习惯，而且是一种非常不好的心态。吝啬的人不但在财物上非常抠门，在情感方面也很不愿意付出。自古以来就有很多关于吝啬的形容词语，诸如一毛不拔、铁公鸡、爱财如命等。当然，这些词语大多数都是用来形容人在财物方面吝啬的。人在感情上的吝啬，更容易伤害人际关系，导致人们成为无人愿意帮助的孤家寡人。总而言之，不管是在感情方面还是在财物方面，吝啬都是不好的，我们唯有学会分享，才能让人生豁然开朗。

当然，吝啬并非与生俱来的。婴儿呱呱坠地的时候，根本不知道吝啬是什么意思。随着他们渐渐成长，如果父母不能有意识地帮助他们变得慷慨大方，培养他们分享的观念和习惯，他们就会渐渐养成独享的坏习惯。每个人要想不断地生存发展，都必须拥有一定的物质基础，然而满足人基

本需求只需要很少的物质支撑，更多的时候，人们吝啬完全是因为贪婪。由此可见，要想戒掉吝啬的坏毛病，我们就必须让自己的心变得知足，这样我们不但能够享受知足常乐的乐趣，也能不再吝啬。

在社会交往中，吝啬，不懂得分享，是人际交往的最大障碍。心理学上有个互惠心理，意思是说人们彼此之间总是相互扶持和照顾，所以才能更加深入地交往，感情深厚。但是一旦吝啬，互惠心理就会受到伤害，人们彼此之间也就不愿意再相互付出和支撑了。

很久以前，有个年轻人梦想着开一家属于自己的公司。但是，他此时此刻还只是个打工仔，根本没有足够的财力开公司。他就算拿出所有的积蓄，而且借遍亲戚朋友，也无法让自己顺利开公司。思来想去，他想到自己有个同学在银行里工作，也许能够帮助自己。但是，他已经很久没有与这个同学联系了，他完全没把握同学会帮自己的忙。思来想去，他决定改变策略，先从与同学套近乎和加深交往做起。这个周末，他当即拿出一部分钱，特意去请同学吃饭叙旧，还邀请了其他几个关系不错的同事朋友。如此坚持了一段时间之后，在又一次与同学朋友聚会时，他无奈地说出自己的理想，那个在银行的同学马上说："去银行贷款啊，现在贷款很容易，只要条件达到就行，我还能帮助你申请利息折扣呢！"

后来，在场的每个人都非常热心地为年轻人出谋划策，还有几个朋友主动提出要把自己的积蓄拿出来给年轻人用，作为股份呢！就这样，年轻人很快就筹集到足够的资金，不但公司顺利开业，而且那些入了股的朋友同学，都竭尽全力地帮助他，他的公司很快就开门大吉，步入正轨了。

很多时候，我们的生活会面临窘境，要想得到机会，不能被动等待。要知道，机会是我们争取来的，而不是平白无故从天而降的。就像事例中的年轻人，原本为了创业之初的资金发愁，如今却顺利解决问题，而且人生也掀开了新篇章。难道我们能说他是因为运气好吗？其实不然。他之所

以如此好运，是因为他始终都在不遗余力地为自己争取机会。

朋友们，任何时候都不要吝啬，因为友谊之花是需要我们用心浇灌和栽培的。人们常说，一分耕耘，一分收获，我们要说，一份分享，一份得到。在与朋友相处时，我们还要注意，千万不要与朋友斤斤计较。毕竟，感情才是最重要的，如果因为各种吝啬导致人际关系恶化，那么我们一定会得不偿失，失去更多。所以，聪明理智的朋友们，一定要做出最佳的选择啊！

有便宜可占时，一定要克制贪婪

人的本性就是贪婪的，所以很多朋友在生活中才会贪心不足。殊不知，贪婪的欲望就像无底的深渊，总是让我们越陷越深，无法自拔。要想克制贪婪，我们就必须学会把握自己的贪婪之心，让自己不再欲求太多。

常言道，破财免灾。这句话被很多人作为为人处世的至理名言，也的确很有道理。反过来说，贪财招灾，则一定会给每个人都敲响警钟。尽管人们常说天下没有免费的午餐，天上也不会突然掉馅饼，但是不可否认，我们经常在生活中面对利益的诱惑。利益越大，对我们的诱惑也就越大，这时我们千万不要喜出望外，因为巨大的利益背后必然有巨大的陷阱，很有可能我们稍不留神就会掉入陷阱，追悔莫及。遗憾的是，虽然的确有很少一部分朋友能够在利益面前止步，但是大多数朋友在利益面前依然会忘乎所以，而且恨不得占尽所有的便宜。等到最终发现掉入陷阱时，他们虽然后悔不已，却为时晚矣。

菁菁大学毕业后，回到家乡当了一名老师。后来，她在网上认识了一个男士，对方说自己在南方的城市生活，而且专门贩卖海鲜。起初，菁菁对这个男士并不在意，不过这个男士正在闹离婚，因而有意追求菁菁。

后来菁菁回家和父母说起此事，当时父母正着急盖房子，虽然已经打好了地基，但是因为手里只剩下几万块钱不够用，所以就此耽搁下来。思来想去，父母都支持菁菁和这个男士交往，因为他们都知道贩卖海鲜很挣钱，也愿意跟着这个男士一起贩卖海鲜，这样家里盖房子的事情就有指望了。有一次，妈妈问菁菁是否真的喜欢这个男士，菁菁说："说不上喜欢不喜欢，见面了也觉得高兴，不见面的话也不想念。"

后来有一次，这个男士又去菁菁家所在的小县城进购海鲜，因为他此前无意间曾经听到菁菁说家里盖房急需用钱，所以他主动提出向菁菁的父母借5万元，等到短期周转之后还来10万元。为此，菁菁父母怦然心动，在没有菁菁在场的情况下，就把钱给了这个男士。遗憾的是，借钱之后这个男士只来过两次，就杳无踪迹了。后来，菁菁爸爸寻死觅活地非说是被菁菁骗了，菁菁被爸爸闹腾极了，也反唇相讥："你作为父亲居然想卖掉女儿换钱盖房子，钱是我借给人家的吗？"此后很长一段时间，菁菁家里失去所有积蓄，日子都很艰难，而且还经常吵架。

一个相处不久的陌生人答应要拿钱给家里盖房子，就算菁菁没有警惕心理，作为父母，也应该有足够的警惕。人们常说不见兔子不撒鹰，他们却不见兔子也撒鹰，最终鹰丢了，兔子也没抓到。不得不说，这件事情谁都不怪，一则是因为全家人不够警惕，二则是因为菁菁的父母贪图男士空许的钱财。这件事情，全家人都应该吸取教训，尤其是菁菁的父母，更要深刻反思自己，才能避免在未来的人生道路上再次上当受骗。

对于嗜酒者而言，诱惑就像是陈年美酒，使他们无法抗拒；对于爱美的女孩而言，诱惑就像是高档美丽的时装，让她们一眼看去再也无法挪开眼睛。然而，这个世界上真的没有免费的午餐，也不会无缘无故地掉馅饼。在任何不劳而获的好事面前，我们都必须提高警惕，坚持不占任何便宜的原则，这样就算遭遇骗局，也能顺利化解。

|第 10 章|

别做莽撞行事的出头鸟——先跳出来的人，注定要挨打

生活中，默默无闻的我们总是非常羡慕那些成功者。殊不知，那些成功者在先天条件上未必比我们好多少，他们之所以能够获得成功，主要是因为他们做事情非常稳妥，既有勇敢的劲头敢拼、敢闯，也有未雨绸缪的耐心细致，绝不鲁莽行事。这使他们能够耐心等待最佳的时机，然后一招制胜，让自己马到成功。

关键时刻亮相，事半功倍

现代社会，每个人都迫不及待地想要展示自己，这样才能帮助自己争取到更多的机会。尤其是那些刚刚毕业的大学生在找工作的时候，恨不得把自己点点滴滴的成就都展示给面试官，从而得到面试官的肯定，得到心仪已久的工作。其实，很多事情都要把握一个度，尤其是在展示自己这方面，在没进公司之前就把自己说得天花乱坠，有的时候并不是一件好事。面试时，我们只要适度展示自己，得到机会进入公司，然后再在工作的过程中找准时机恰到好处地亮相，就能够博得上司的好感，也帮助自己在工作岗位上站稳脚跟。

当然，有些人是急脾气，恨不得马上就让上司或者同事了解自己的全部能力。也有的人因为过于心急找工作，只想马上找到最好的工作。但是，我们必须学会适度。任何事情都要把握好度，唯有如此，才能恰到好处，避免过犹不及。这就要求我们学会控制自己，学会适度忍耐，也学会在关键时刻保持镇定。凡事都不可心急，常言道，心急吃不了热豆腐。有的时候，欲速则不达，我们必须耐下心来等待时机，才能抓住千载难逢的好机会，让自己不鸣则已，一鸣惊人。

古人云，天时地利人和。这句话告诉我们，一个人要想成功，仅凭强烈的成功意愿是远远不够的，还要客观条件也达到，缺一不可。纵观古今

中外，很多成就大事的人，都会先考察客观条件，等到具备基础之后，再当机立断地切实展开行动。不得不说，忍耐不但是等待时机，也给予我们更多的时间从心理上做好准备。所谓养精蓄锐，我们唯有在平日里积蓄力量，最后才能一鸣惊人，让自己拥有成功的亮相。

有个博士生大学毕业后应聘了很多家公司，虽然他在所有应聘者中是学历最高的、技术最强的，但是这些单位全都对他敬而远之。一则这些单位根本不需要聘用博士；二则这些单位也担心这个博士生是个书呆子，实际操作能力差。就这样，博士生找了一个多月的工作都无果，思来想去，他重新给自己做了简历，隐瞒了自己的博士学历，说自己只是个专科生。很快，博士生就找到了一份工作，虽然工资不高，但是他愿意从底层开始踏踏实实地做起。

博士生在工作中兢兢业业，从未表现出自己的高学历。直到有一天，公司里技术部的同事遇到一个程序问题，无论如何也找不到解决的办法，老板因为急于给客户交差，急得团团转。这时，博士生主动站出来要求试一试，不出半个小时，他就轻松解决了程序问题。为此，老板对博士生千恩万谢，这时博士生拿出自己的学士学位，老板惊讶地说：“你是本科啊，我们公司正缺少这样的人才呢！”后来，老板一直对博士生刮目相看。

又有一次，客户公司的程序出现漏洞，谁都解决不了，因而特意来向博士生所在的公司求救。公司里虽然人才济济，但是却没有人能圆满解决问题，为此博士生又站出来，为老板解了燃眉之急。老板再次被博士生惊到了，博士生这才拿出自己的研究生学历，老板当即提升博士生为技术部的主管。博士生终于得到了更高的职位，因而他决定全力以赴，寻找机会让老板知道他其实是博士。但是，现在博士生还不愿意把自己的博士学位亮相出来，他在耐心等待着恰到好处的时机。

事例中的博士生虽然有高学历，但是却因为用人单位不需要这么高学历的人才或者是对博士生望而生畏，最终选择了隐瞒学历，以专科毕业证书应聘进入公司。后来，他抓住几个非他不可的好机会顺利亮相，结果他的学历非但没有让老板望而生畏，反而让老板如获至宝。接下来，他再找机会亮相自己的博士学位，也许老板还会更加对他委以重任呢！

当客观环境于我们不利时，当我们处于弱势之中时，我们不如先降低身份，让别人因为我们相对的能力突出所以高看我们。这样一来，我们更容易获得机会，积极展示自己，最终摆脱不被认可的窘境，走向成功。实际上，很多人口中的逆来顺受，并非真的是委曲求全、忍辱负重，人生的进步也并非只能向前，还可以采取迂回曲折的方式，以另一种方式坚持进步。

兜兜绕绕，也许更能增强效果

人与人之间不但长相不同，而且脾气秉性也各不相同。有的人性格耿直，说话就像放鞭炮，做事情也不会拐弯，这样的人很容易得罪人。有的时候他们自己说完了就把事情置之脑后，但是别人却记着他们的话，正所谓说者无心，听者有意。还有些人性格委婉含蓄、低调内敛，因而做人做事都没有那么张扬，知道必须更多地考虑到他人的感受，才能与他人和谐友好地相处。总而言之，每个人的脾气秉性都不一样，相比较而言，做事情不那么直接的人，也许更容易让人接受。直肠子的让人下不来台，难免会使人尴尬，心生嫌隙。

毫无疑问，每个人都希望生活能够一帆风顺，水到渠成，但是这个世界上的事情不可能让我们都顺心如意，也不可能准备好阳光大道让我们一

马平川。所以，在遇到困难和障碍的时候，我们必须想方设法战胜困难，遇到无法超越的困境时，我们还可以学习挑山夫走“之”字形路线，这样尽管迂回曲折，却能够节省力气，帮助我们成功抵达人生巅峰。

生活中，人人都知道不要以卵击石的道理。的确，拿起鸡蛋碰石头，这是很难想象的疯狂行为。但是，偏偏有很多人都在这么做。例如，我们试图说服别人的时候，不喜欢采取委婉的方式，而是刻意地以硬碰硬，强制要求对方接纳我们的建议。这样一则我们未必能够拗得过对方，很有可能导致两败俱伤；二则也影响说服的效果，因为没有人愿意被强制。在这种情况下，我们不如采取曲线救国的方针和策略，或者旁敲侧击，或者敲山震虎，从而实现说服的最佳效果。

明朝时期，海虞人严养斋先是在朝廷中担任礼部尚书，负责考察官员，后来又官职宰相。有段时间，他计划在京城为自己建造一座像模像样的大宅院。他测量好地基之后才发现，有一间民宅正好被他圈在地基范围内。如果他舍弃掉这块民宅所占的宅基地，那么整个宅院建好之后效果就会大打折扣。为此，他思来想去，决定想办法说服民宅的主人搬迁。

民宅的主人是个卖豆腐的，也同时卖酒。刚开始，严养斋让工地负责人劝说民宅的主人搬家，但是不管他们出多么高的价钱，民宅的主人就是不愿意搬家。工地负责人无奈，只好把这个情况反映给严养斋，严养斋不以为然地说：“先建其他三面，等到最后再想办法解决。”就这样，建造房屋的工程如期开工，严养斋命令工地上所需消耗的豆腐和酒不要去别处买，都要从民宅的主人那里买。而且，买之前要先付定金，每次都要及时结算。工地上的消耗量很大。这样一来，民宅的主人根本忙不过来，因而只好雇用了一些工人来帮忙。随着豆腐坊里的人越来越多，他们挣到了更多的钱，那间小小的房子也就显得更加拥挤了。

最终，民宅的主人主动提出搬家，而且还把房契送给了严养斋。他们感激严养斋让他们挣到很多钱，也没有故意抬高房产的价格。不过，严养斋主动为他们找到更宽敞的住房，为他们解决了居住的难题。没几天，这家人就带着工人高高兴兴地搬家了。

通常情况下，直接解决问题能够节省很多时间和精力，也比较干脆利索。但是，有很多时候事情的发展往往超出我们的预料，而且我们面对的人脾气秉性各不相同，我们必须根据当事人和事情的实际情况，有选择地找到最合适的方法。尤其是面对那些棘手和难缠的问题，欲速则不达，我们更要避重就轻，迂回曲折，从而间接解决问题。这与真刀真枪面对面地硬干相比，效果也许好得多。

当然，要想顺应形势解决问题，我们就必须让自己的思维变得更加灵活，也要培养自己的发散性思维。生活中，很多人墨守成规，不愿意改变自己，这是不行的。毕竟现代社会万事万物都在不断发展，我们也必须与时俱进，才能跟上时代的脚步，也才能让自己顺应形势，跟上潮流。

远离琐事，保持头脑清醒

在这个世界上，有些人神经大条，心怀开阔，对那些生活中微不足道的小事情根本不挂在嘴上，更不挂在心上。但是，有些人则恰恰相反，他们对于生活中的大事情都顾不过来，却偏偏喜欢关注那些琐碎的小事。由此一来，可以想象他们日常生活有多么累。最重要的是，他们因为心思狭隘，导致非常敏感，也很爱钻牛角尖。当这样的两个人遇到一起的时候，他们总是因为那些琐碎的小事争辩不休，甚至彼此较真和仇视。其实，人生之中除了生死是大事之外，哪里还有那些非较真不可的事情呢。他们在争高低和胜负的过程中，彼此感情受到伤害，再也无法做到心无芥蒂地相

处和交往，可谓得不偿失。

人们常说，人生短暂，没有必要为了无关紧要的事情较真，更没有必要为了不值一提的小事生气。其实很多时候人们之所以失败，并非是因为受到外界的打击，而是因为自己内心世界的崩塌。诸如在非洲草原上，有一种吸血蝙蝠最喜欢吸野马的血。它们一旦附在野马的身上，就会导致野马暴怒不已，狂跳不止。然而，无论野马多么歇斯底里，它们总是若无其事地吸附在野马身上，直到吃饱喝足才心满意足地从容离开。遗憾的是，身强体壮的野马，在对吸血蝙蝠的愤怒之中常常死去。动物学家经过分析才发现，吸血蝙蝠虽然可恶，但是它们的吸血量是不足以夺去野马生命的。野马之所以死去，就是因为它的暴怒和歇斯底里以及盛怒之下无休止地狂奔。不得不说，野马是非常可悲的。其实，这种现象并非只有大自然里有，人类社会里也有。很多时候，人们并非被那些灭顶之灾击垮，而是被那些烦琐的事情耗尽心力，陷入无休止的烦恼和狂躁之中。从此之后，人们的生活再无幸福快乐可言，在郁郁寡欢、心烦气躁的生活中，人们或者失去自我，对未来不再憧憬，严重的甚至会患上抑郁症，导致命运的节奏戛然而止。

人生在世，没有人愿意平淡无奇地度过一生，每个人都想出人头地。但是生活却总是不如意，不能让我们随心所欲地获得成功。人生是琐碎的，每个人都要面对各种琐碎的事情，也要面对形形色色不期而至的意外和挑战。所谓小不忍则乱大谋，我们必须控制自己的情绪和心境，从而才能把更多的时间和精力用于人生之中关系重大的大事情上，而不要总是因为无所谓的小事情转移注意力。要想做到这一点，除了学会掌控人生之外，还要让自己尽量站得高、看得远。唯有如此，我们才能胸怀开阔，拥有人生的大格局。从某种意义上来说，每个人每天放在心上的事情，就是每个人的人生价值所在。假如我们每天都在考虑鸡毛蒜皮的小事，又如何

能够心怀天下、方言未来呢！所以，让我们把眼光看得长远一些，人生格局更加开阔一些吧！

秦朝初期，张耳和陈余都是魏国的名士。魏国被秦国灭掉后，他们二人遭到秦王的重金悬赏。他们不得不隐姓埋名，逃到陈地，依靠给乡里看门勉强维持生活。

有一天，陈余不小心出现失误，乡里的小吏怒气冲冲地要责罚他，陈余想到自己无缘无故居然要如此忍气吞声，不由得也怒火中烧，准备和小吏好好理论一番。这时，张耳突然踩了踩陈余的脚，暗示陈余一定不要因为冲动坏了大事。为此，陈余好不容易才忍耐下来。

等到小吏走了，张耳带着陈余来到一棵大树底下。环顾四周看到没人之后，张耳严肃地指责陈余："你到底是怎么回事，难道忘了我们当初的约定了吗？今天，只不过是一个小小的小吏惹恼了你，你就要不管不顾地发作起来，难道你想因为他而失去性命吗？难道我们俩的性命就这么不值钱吗？"陈余虽然当时听从了张耳的劝说，但是后来还是心浮气躁，没有张耳能够忍耐。最终，张耳获得了成功，陈余则遭遇了惨败。

人生在世难免要与他人争长论短，但是并非每一件小事都值得我们与他人争论。有的时候，我们该忍耐就要忍耐，该爆发才能爆发。假如我们为了一时的痛快而不管不顾，最终一定会害了自己。当然，每个人心里都是有标尺的。是该宽容忍让还是该睚眦必报，一则取决于我们的脾气秉性，二则也取决于我们对于某件事情的看法和认识。在做人做事的时候，我们都要学会伪装自己，不要过于精明。正所谓难得糊涂，我们唯有放弃对小事的纠缠不休，才能把更多的时间和精力用于成就大事上。

常言道，小不忍则乱大谋。的确，生活是琐碎的，而且常常给予我们意外的惊喜和惊吓。惊喜还好，惊吓则常常让人措手不及。作为聪明人，在平凡而又琐碎的生活中，我们必须调节好自己的心态，掌控好自己的情

绪，才能心平气和地从容应对人生。

多个朋友多条路，多个敌人多堵墙

人是群居动物，每个人都无法脱离社会独自生存。每个人都难以避免要与他人打交道，但是人际关系偏偏是世界性的难题。因为人与人之间脾气秉性、性格爱好都不相同，而且对于人生的各种观点也迥然相异。所以，人与人相处时很容易产生矛盾和摩擦，严重的还会爆发争执。在这种情况下，我们应该采取何种态度面对呢？也许有些朋友觉得这纯粹是个人问题，其实不然，因为我们面对问题的态度和解决方法，能够从一定程度上体现我们的为人以及心胸、气度。举个最简单的例子来说，对于同一件事情，也许有些人会气得火冒三丈，觉得绝对不能忍受，因而选择记恨和报复他人，但是有些人则不以为然，觉得没什么大不了的，因而选择理解和包容他人。不得不说，这两种态度简直有着天壤之别。

面对人生中的那些琐事，我们应该潇洒面对。人心就像一个容器，装满了忧愁之后就再也没有空间容纳幸福快乐了。所以，我们要学会珍惜自己的心灵容器，不要随便把那些小小的忧愁都装进去。这样，我们才能让心灵更自由，也更快乐。众所周知，当空气中有了难闻的气味，风会把这些气味马上吹散和带走。那么，何不让我们的心也成为风的路径呢？这样那些轻飘飘的烦恼忧愁也就会随风而去，再也不会影响我们的心情。

当然，我们调节自己的心情很容易，而要想左右他人的心情就会很难。我们要想征服人心，千万不要一味地依靠武力。正所谓强扭的瓜不甜。假如我们在征服他人的时候只想以硬碰硬，强制要求他人服从我们，那么效果一定很差。常言道，心服才能口服，我们与他人相处也必须让他

人心服口服，才能真正与他人之间建立心灵的默契。正如很多人都说的，多个朋友多条路，多个敌人多堵墙。在人们相处的过程中，我们一定要牢记这句话，无论如何都不要给自己处处树敌。从本质上来说，生活中也没有那么不共戴天的血海深仇。不管是生活中的摩擦还是工作中的观点不一致，我们都应该最大限度宽容他人，这样才能也得到他人的善待。所以说，宽容他人，就是宽宥自己。尤其是现代社会，人与人之间的关系联系越来越紧密，假如我们因为一点小事情就与他人反目成仇，那么未来有朝一日见面的时候就要承受本不应该发生的尴尬和难堪。

当然，冤家宜解不宜结。我们可以把与他人的关系提前经营好，对关系恶化防患于未然。但是对于那些不可避免的伤害和抱怨，我们无从未雨绸缪，不如选择合适的时机进行协调。对于曾经与我们发生不愉快的人，假如我们不好意思直接向对方道歉，就可以借助对方有了高兴事的时候，与对方更好地交流沟通。诸如，当对方得到晋升时，当对方结婚生子时，我们都可以带着礼物前去拜访。所谓礼多人不怪，伸手不打笑脸人，这样对方一定不会在自己大喜的日子里依然对我们黑着脸。当然，这些事情都要抓住合适的时机去做，否则效果未必好。

有些朋友觉得，过度宽容就是纵容，就是对他人无限地退让和容忍。其实不然。和所有感情一样，宽容也是相互的。当我们主动向对方退让一步，对方也便会对我们退让一步；当我们主动降低姿态向对方示好，对方也不会得寸进尺继续对我们不理不睬。所以真正的宽容，必然为我们换来和谐友好的局面，让我们在人生之中拥有更多美好的感情和体验。所以，朋友们，得理也要饶人，即便抓住了别人的小辫子，也不要一直不放。感恩别人，宽容别人，也就是感恩我们自己，宽容我们自己。

眼光长远，才不会与人无谓地纷争

现实生活中，有很多朋友总是与他人发生争执，或者是意见、观点不同，也有可能是因为彼此看不顺眼，或者因为一些不值一提的小事情。其实，做人最重要的并非与他人一决胜负，高下立分，而是要灵活机动，懂得进退。古人云，识时务者为俊杰，意思是说我们要看清楚事情发展的形势，也要知道自己怎么做才能顺应形势，争取最好的结果。识时务者，也就是知道好坏和进退的人，他们不会以卵击石，也不会恃强凌弱。他们懂得什么时候应该强硬，什么时候应该柔软，什么时候要进一步，什么时候要退一步。

古今中外，大凡成功人士，无一不是心怀广阔、眼光长远的人。他们很清楚争执不能真正解决问题，反而会导致事与愿违，所以他们不会固执己见，也不会不分青红皂白就要改变他人。所谓江山易改，秉性难移，很多人正是因为无法认清自己，所以才会错失生命中的很多机会，导致处处树立，追悔莫及。

现代社会，万事万物都处于发展和变化之中，我们的眼光也要与时俱进，我们还要及时认清楚形势，才能避免一味地与人纷争。我们还要认识到，很多事情并不会顺应我们的心意发展，面对生活中的各种波折和不如意，我们更要把目光放得长远，才能最大限度发挥自身的实力，成就自己。

占旭大学毕业后就进入现在的公司工作，3年来始终兢兢业业，对待工作认真勤勉，但是很多和他一起进入公司的同事都获得了提升，唯独他3年来始终原地踏步。这到底是为什么呢？原来，占旭人品好，又勤奋，原本是个好苗子，也理应得到提拔，就是因为他一年前顶撞了顶头上司张经理，所以他就被雪藏起来，导致职业生涯始终原地踏步。

那天，是占旭进入公司整整两年的日子。原本，他很想在下班后请几个要好的同事一起吃饭喝酒唱歌，从而纪念自己进入公司两年。但是当天下午，上司突然交给他一个艰巨的任务，让他连夜把厚厚的一叠文件整理好。也许是因为从中午就惦记着晚上请客吃饭，占旭几乎脱口而出："现在要下班了，时间根本来不及！"占旭话一出口，就意识到不妥，但是上司的脸色显然已经很难看了。上司冷冷地说："哦，你是想找从来不加班的工作吗？那么只怕你找错地方了。"说完，上司把文件扔在占旭的桌子上，就转身离开了。当天晚上，占旭几乎通宵加班，不但原本的聚餐取消了，他还累得精疲力尽。次日，他虽然按时交上文件，但是上司对他却始终不冷不热的。

人在职场，尤其是面对上司的时候，一定要认清自己的身份地位，千万不要随意就和上司顶撞。尤其是当着其他同事的面，哪怕我们对于上司的安排和布置有异议，也要给足上司的面子，等到私底下再和上司理论。毫无疑问，每个人都很爱惜自己的颜面，特别是职位比我们高的上司，更是很难忍受我们当着其他同事的面给他难堪。作为下属，我们不论心里是怎么想的，都要选择适当的时机和上司交流，而不要当着其他同事的面给上司难堪。否则，上司一定会还给我们更大的难堪，而且因为上司掌握着我们的升迁之道，也许会给我们的未来带来更大的障碍，造成更大的损失。因而，聪明人从来不和上司对着干，至少不和上司明刀明枪地对着干。

现代社会，任何人都无法仅凭一己之力做好所有事情。所以，我们不管能力是强是弱，都要摆正自己的位置，看清楚事情的发展，从而顺势而为，有效保护自己，不再因为鸡毛蒜皮的小事情与他人之间发生纷争，从而导致自己人生受到局限。一时的宽容和忍让，如果能够帮助我们赢得更大的成功机会，那么就能让我们的人生出现转折，甚至是奇迹。在为人处

世中适度柔软，这是生存的智慧，也是高明的选择。

以静制动，有理不在声高

常言道，画虎画皮难画骨，知人知面不知心。每个人都有自己的脾气秉性，各种人生观点也完全不同，在这种情况下人与人相处，彼此之间发生矛盾和纠纷是在所难免的。每个人都会有脾气，但是每个人的脾气大小是不同的。有的人脾气火暴，就像炮仗一点即炸，有的人脾气相对较好，不会随便乱发脾气。对于脾气不好的人而言，坏脾气很有可能给他们造成一定的困扰和障碍，甚至给他们的生活和工作带来负面影响。对于脾气好的人而言，有的时候脾气太好，变成好好先生，也是非常被动的。所以，我们必须合理调节自身的脾气，从而才能做到以静制动。

很多人在发脾气的时候，总是歇斯底里地大喊大叫，不知道他们是用高声给自己壮胆还是用高声吓唬别人。常言道，一动不如一静，有理不在声高。我们要想真正征服他人，就一定要避免惊慌失措，也要避免以虚张声势暴露内心的虚弱和脆弱。人生中，每个人都想成为真正的强者，因而以各种手段提升和伪装自己。殊不知，真正的强大来自我们的内心，我们只有坦然从容应对那些突发情况，才能表现出自己的气度以及镇定。

毋庸置疑，人人都有尊严，人人也都爱惜自己的尊严，所以想要不择手段地维护自己的尊严，尤其是在危急情况下，人们为了掩饰自己的内心，更是会戴上自尊的假面具。然而，真英雄绝不是伪装出来的，真英雄有胆有识，气宇非凡。他们面对他人的无理取闹，不会中了他人的圈套，变得歇斯底里、狂躁怒吼，而是会淡定平和，这样他们才能以静制动，以不变应万变。生活中很多朋友都有一个误解，即觉得自己在关键时刻必须

提高声音，才能引起大家的注意和关注。殊不知，真正能够吸引他人的不是我们的狂躁喊叫，而是我们从大声突然转为压低声音。这样一来，他人必然以为我们要说什么不可告人的秘密，甚至还会不约而同地屏息凝气，从而竭尽所能地听清楚我们说出的每一个字和每一句话。

第二次世界大战结束后，日本满目苍夷，吉田茂受命于危难之中，成为日本首相。他对于日本的战后重建立下了很大的功劳，他身上最引人注意的是他具有贵族意识，在危难之中经常表现出“舍我其谁”的不凡气度。

1953年2月，日本国会进行年度预算审议，右派民主社会党议员西村荣一当着很多人的面质问吉田茂：“首相对国际形势非常乐观，有何根据呢？”面对西村荣一的质疑，吉田茂说：“英国首相丘吉尔和美国总统艾森豪威尔都这么认为，我很认同。”西村荣一并没有善罢甘休，而是继续追问：“我问的是您的意见！”吉田茂有些厌烦地回答：“我就是在说我的意见，我也知道我是日本总理大臣。”然而，西村荣一毫不退让，而是咄咄逼人地说：“希望你不要得意忘形！”吉田茂这时也毫不客气地训斥西村荣一：“你不要出言不逊！”就这样，吉田茂和西村荣一你一句、我一句，彼此针锋相对，寸步不让。最终，吉田茂居然怒气冲冲地对西村荣一说：“无礼者，马鹿野郎。”在日本话中，马鹿野郎是骂人混蛋的，为此西村荣一非常生气，当即要求吉田茂向他赔礼道歉。虽然吉田茂最终委曲求全地道歉了，但是西村荣一却抓住这个问题不放手，最终在众议院发动了“吉田首先惩罚动议”，并且得以通过。

在日本的历史上，西村荣一发动的这次针对首相的临时动议，是史无前例的，而且对吉田茂造成了非常恶劣的影响。没过多久，在野党也趁胜追击，在众议院通过了“内阁不信任案”。无奈，吉田茂只好解散众议院，但是他后来还是难以消除此事给他带来的不良影响，最终黯然下台。

在吉田茂的政治生涯中，这无疑是一大败笔，也给他留下了莫大的遗憾。当然，西村荣一之所以对吉田茂步步进逼，并非是无心的，而是有目的的。他就想使吉田茂在冲动之下失去常态，没想到吉田茂真的中了他的圈套，公然辱骂他“马鹿野郎”。

一个人用发怒的方式并不能保护自己的颜面和自尊，唯有面对被人别有用心的挑唆保持平静和淡然，才是真正强者的表现。虽然我们都是普通人，未必能够接触到政治斗争，但是生活中这种别有用心激怒别人的事情并不少见。尤其是在职场上，不管是作为下属，还是作为上司，我们都要保持心平气和，才能始终平静淡然，以静制动，也才能控制自己的情绪，避免说出冲动的话来。当然，在遇到尴尬情况的时候，很多人都无法保持平静。在这种情况下，我们不如换位思考，设想自己如果是在他人的位置上，将会如何做。这样一来，我们就能更加了解对方的苦衷，也不至于被对方气得七窍生烟了。

石头下低头的小草，生命力更顽强

记得小时候，我们四处玩耍，不停地搬石头等重物，从下面寻找充满神奇的生物。在此过程中，我们经常会发现小草，它们被压弯了腰，低垂着头，但是却生机盎然，绝不屈服。有的小草被发现得晚些，甚至已经拐着弯地从石头下探出脑袋，接受阳光雨露的抚摸和滋润。不得不说，小草的生命力是非常顽强的，难怪有诗云，“离离原上草，一岁一枯荣。野火烧不尽，春风吹又生”。这句话非常形象地为我们描述了小草的顽强生命力和绝不屈服于人生以及命运的坚强形象。

生活中，我们面对人生也会遭遇很多的坎坷与挫折，甚至因为各种

原因被压制。在这种情况下，我们是放弃努力，还是像小草一样不断努力呢？聪明人当然知道答案，但是真正能够把这一点做到位的人，却是少之又少。在压制面前，我们不要退缩，毕竟生命只能向前，不能向后，又因为这个世界上根本没有后悔药，我们也很难推翻自己的选择一切重头再来。其实，我们可以像小草一样，迂回曲折地生长。诸如，我们可以从压制我们的力量下低头，先是对其表示顺从，从而给自己争取更大的生长空间。然后再拐弯绕出这份压制我们的力量，到达阳光之下再尽情地生长。这样一来，我们也许生长的过程更加漫长和艰难，但是我们最终却能够实现自身的理想，完成人生的目标。所以，我们说，和那些宁折不弯的小草相比，石头下低头的小草具有更加顽强的生命力，人生在它们的坚持之下也必然获得与众不同的成就。

在大自然中，蟑螂地位很低，它们既长相丑陋，又总是喜欢出没于肮脏的地方，因而人们不喜欢它们。此外，它们还不像大多数甲壳类动物那样拥有坚硬的甲壳，更缺乏一技之长来保护自己，赖以生存。总而言之，它们几乎没有先天的优势。但是，它们总是能够适应恶劣的环境，具有顽强的生命力，不管外界环境多么艰难，它们都能生存下来。这到底是为什么呢？究其原因，蟑螂很清楚自己很难活下来，所以它们具有超强的忍耐力，总是能够夹缝里求生存，而且不管活得多么艰难也绝不放弃。这直接导致蟑螂不但生命力顽强，而且繁衍能力很强，因此人们才会以“打不死的小强”称呼它们。这就是蟑螂低头的姿态。它们没有因为低头而遭到灭绝，反而因为委曲求全、忍辱负重，而变得生机勃勃。

有家公司的老板是南方人，特别喜欢克扣下属工资，哪怕下属只是犯一个小小的错误，他也会马上毫无疏漏地记录下来，按章办事。不过这个老板也有个好处，就是他一板一眼，信守诺言，对于承诺的事情向来都是不打折扣地兑现。为此，大家虽然对老板怨声载道，但还是留在公司里辛

苦地工作。

这家公司采取的是同工不同酬的计薪制。虽然同事都在一起上班，但是谁也不知道谁的薪水是多少。因此，大家都遵守这个规定，从来不互相打探薪水。但是，有一个月这个规矩被打破了，原因在于大家这个月全都少了很多奖金。为此，每个人都愤愤不平，原本安安静静的公司食堂到了吃饭的时间变得叽叽喳喳，几乎每个同事都在私底下议论突然大幅缩水的奖金。在这些交头接耳的人里，只有一个年轻的女孩还和以前一样埋头吃饭，两耳不闻窗外事。大家都很纳闷，以为这个女孩的奖金没少，但是在追问女孩之后，女孩却说："我的奖金也少了很多，不过我觉得这一定是因为我最近表现不够好，没有圆满完成工作。我觉得议论也没用，还破坏公司的规章制度，不如下个月竭尽全力地干好工作，也许失去的奖金就又回来了。"

听到女孩的话，大家都沉默了。因为整个公司的人除了女孩在反思自己，争取提升自己之外，其他的每个人都在抱怨。没过多久，女孩因为在工作上的出色表现，得到了老板的赏识，不但升职加薪，还被老板推举为整个公司的学习标兵！

假如你觉得只有大人物或者成功人士才能颇有城府地掩饰自己的内心，那么你就错了。事实上，我们作为普通人，也要学会喜怒不形于色。只要我们摆正心态，不要动辄就怨声载道，我们总能心平气和地面对生活和工作中的不如意，也以最积极的态度竭力弥补，把事情做到更好。

人生是个竞技场，一个人只有实力未必能在人生之中有出色的表现和丰富的收获。我们唯有头脑灵活、顺势而为，才能做出最理智的选择。然而，在残酷的外界环境和巨大的压力下，想做到这一点很难，这就要求我们学习"打不死的小强"，成功熬过黎明前的黑暗，迎来人生的柳暗花明又一村。正如《小草》那首歌里唱的，"没有花香，没有树高，我是

一棵无人知道的小草；从不寂寞，从没烦恼，你看我的伙伴遍及天涯海角……”朋友们，面对压力和无法移除的障碍，让我们每个人都成为一棵以低头的姿态顽强生长的小草吧！

时候未到时，切勿锋芒毕露

做人做事，既要保持低调内敛，也要在关键时刻锋芒毕露。那么，到底是低调内敛还是锋芒毕露呢？这主要取决于当时的场合和时机。不管是在生活中还是在工作中，我们都常常会遇到一些烦恼的事情。尤其是在需要表明某些观点和态度的时候，我们和很多人同坐在一个会场，明明很多人都已经想到了最佳答案，但是就是不愿意主动说出来。究其原因，他们并不是傻子，而是全都学得猴精猴精的，谁也不愿意出那个风头，成为招风的大树。

俗话说，树大招风，枪打出头鸟。尽管人们都愿意出类拔萃、引人注目，但是在有些时候，他们恨不得没有人注意到自己，也不愿意自己被别有用意的人当成靶子。所以，朋友们，我们也要审时度势，该说的话说，不该说的话，就不要在大家都装哑巴的时候抢着说。这不是怯懦，而是明哲保身，保全自己。

曹操生性多疑，对于自己的下属，有才华的，他也会羡慕嫉妒恨，百感交集。所以在曹操手下当差，一定要慎之又慎，切不可锋芒毕露。想当年，刘备之所以能从曹操手下逃得活命，就是因为他假装愚钝，胸无大志，才避免被曹操处死。然而，杨修聪明伶俐，却因为在不合适的时候锋芒毕露，最终失去了宝贵的性命。

有一次，曹操去查看刚刚建成的后花园，在门上写了个“活”字，

就一语不发地离开了。随从都不知道曹操的意思，因而心中忐忑，杨修毫不迟疑地说："丞相嫌弃门太宽了。"众人不解其意，杨修进一步解释："门里面有'活'字，就是阔。"监工当即下令重建后花园的大门，曹操后来得知是杨修说出了他的心意，虽然高兴，却嫉妒杨修的心思敏捷。

曹操平日里睡觉绝不让人接近，并且告诉下人他睡觉的时候会杀死靠近他的人。有一天，曹操午睡时被子掉落，一个侍卫担心他着凉，特意给他盖上被子。曹操当即拔剑，杀死侍卫。醒来后，他佯装不知情，质问何人杀死了他的侍卫。听到他人讲述事情的经过，曹操痛哭流涕，下令厚葬那个侍卫。看到曹操如此重情义，其他人都以为曹操真的是梦中误杀，只有杨修说："不是丞相在做梦，而是我们在做梦。"听到杨修识破自己，曹操更加对杨修怀恨在心。

此后，曹操率军与刘备在汉水坚持不下，不分胜负。曹操拿不定主意如何才能结束这场胶着战，正巧看到厨师端着一碗有鸡肋的鸡汤给他喝，因而随口对进入帐篷询问夜间口令的夏侯淳说："鸡肋！"杨修得知此事，当即让士兵们收拾收拾，准备班师回朝。夏侯淳不明白是何缘故，杨修说："食之无味，弃之可惜，是为鸡肋。丞相一定想班师回朝了。"曹操被杨修说中心事，不由得恼羞成怒，因而以"扰乱军心"为由，下令将其斩首。

在疑心病重的曹操手下当差，杨修没有很好地掩饰自己的锋芒，反而处处拔尖，最终招致曹操记恨，失去了性命。不得不说，杨修虽然聪明，却不够机智。假如他能够装聋作哑，更好地伪装自己，也就不会一命呜呼了。

郑板桥说，难得糊涂。的确，这四个字说起来简单，真正做到却很难。人与人之间充斥着利益纠葛，也有很多难以调和的矛盾。我们要想保全自己，必要的时候必须装糊涂，让自己看起来很愚钝，这样才不会成为众矢之的。当然，锋芒毕露也无不可，但是必须找准时机，绝不可因此而全局失败。

任何时候，都要留有底牌

生活中，每个人的脾气秉性都各不相同，有些人是直脾气，恨不得一口气就说完自己所有的心思，把自己变成一个透明人。有的人则恰恰相反，他们不愿意成为他人眼中的透明人，因而愿意自己把握着底牌，等到关键时刻再使用底牌扭转局势，转败为赢。

虽然人与人相处，一定要以真诚为第一要义，但是我们却不能对每个人都真诚相待。诸如，我们对于父母要真诚坦率，毕竟父母是这个世界上最疼爱我们的人。我们对于好朋友要真诚，无须遮遮掩掩，毕竟他们非常了解我们，也愿意陪伴我们走过人生的一程又一程。我们对于爱人也要毫无保留，因为爱人是世界上唯一与我们相伴一生的人，即便父母老去，兄弟姐妹远离，爱人也依然守在我们的身边，无论生老病死，无论坎坷挫折。对于这样忠贞不渝的爱情，我们有何理由不坦诚呢？然而，就算是亲密无间的夫妻之间，也需要为彼此保留适当的空间，给予彼此喘息的机会。

尤其是在现代社会，人们的生存压力越来越大，人与人之间的竞争也更加激烈。假如我们一下子亮出自己的底牌，那么我们就会被他人机关算尽，再也无法凭借神秘感扭转局势。就算一个人混得很差，也不要总是向他人诉苦，毕竟这个时代不再是同情心泛滥的时代，每个人都要依靠自己的能力赢得未来，你又怎么可能成为例外呢！就算我们非常成功，也绝不要对他人颐指气使，高高在上，因为成功很有可能只是一时的，而且别人

在深藏之下甚至会比我们更加成功。总而言之，不要让别人一眼就把我们看透，我们才有可能以神秘莫测赢得人生的先机。

后晋时期，冯道出使契丹，得到了契丹王的礼遇和厚道。契丹王很想把冯道留在契丹效力，冯道当然不愿意，他一心一意想要回到故国，但是他很清楚自己不能直接拒绝契丹王的好意。因此，他告诉契丹王自己可以为契丹效力，因为契丹就相当于后晋的儿子，为契丹效力也就是为后晋效力。听到冯道这么说，契丹王感到非常高兴和欣慰。与此同时，冯道还下令让下属马上置办薪炭，以便度过契丹的漫长寒冬。看到冯道的一举一动，契丹王深深意识到冯道是个举世罕见的“忠臣”，虽然思念故国，却为了尽忠而留在契丹。想到这里，契丹王觉得很不忍心，因而在深思熟虑之后决定放冯道回国。

然而，冯道拒绝了契丹王的好意，一直留在契丹国，不愿意离开。直到契丹王再三催促他启程，他才装作很不情愿的样子开始收拾行李。从契丹国出发之后，他依依不舍，沿途多次停留，似乎他已经把契丹国当成自己的家乡。直到一个多月后，冯道才带领手下们回到故国。在此期间，冯道的下属不止一次问冯道为何归心似箭，却在契丹国逗留盘亘。冯道回答：“我不是不想回国，而是以退为进。假如契丹王知道我归心似箭，那么我们一定插翅难飞。要知道，就算我们昼夜兼程，契丹族人只要快马加鞭，就会马上追上我们。所以，我们不能轻举妄动，而要让契丹人对我们不再警惕和戒备。”回国后，冯道因为对故国忠心耿耿，顺理成章受到了皇帝的封赏。

原来，冯道不是不想回国，而是因为他心思细腻，知道不能把底牌都透给契丹王，所以他才一直伪装自己，直到安全回到故国。否则，假如冯道得知契丹王要留住他之后，就与契丹王反目成仇，那么一定会被契丹王控制，根本无法成功离开契丹国。这种以退为进的方法，往往能够麻痹敌人，因而效果显著。

当然，人之所以对他人有吸引力，就是因为保留了神秘感。虽然现代生活中我们没有敌人，但是在对待朋友、同事时，我们还是可以采取这样的迷惑法，保留自己的底牌，从而更好地吸引他人，与他人相处。此外，保留底牌还可以使别人对于我们的实力毫无所知，这样我们就能在关键时刻勇敢亮相，事半功倍，获得成功。

|第 11 章|

能捧场时且莫拆台——性子直，言语行为却可以转弯

一个人的能力是有限的。很多时候，我们虽然可以凭借能力改变很多事情，但是大多数时候，我们无法随心所欲地成就自己。因此，我们必须学会调整自己诸多方面的能力，从而才能最大限度发挥自己的所长，规避自己的短处。在人际交往中，我们也应该学会顺应形势，灵活机动地调整自身的态度、观念和各方面的能力，从而让自己在人际交往中如鱼得水，游刃有余。

快速融入新的团队，才能得到认可

客观外界是客观的存在，很难按照我们的喜好发生任何改变。虽然我们可以利用自身的各种条件去改变客观外界的诸多情况，但是有些事情并非人力所能及，是我们不管多么努力都很难改变的。对于这样的现状，很多人选择抱怨，很多人选择努力改变，很多人选择索性放弃旧世界，去寻找新世界。然而，正如一首歌里唱的，有多少爱可以重来，短暂的人生又有多少机会可以重新来过呢！退一步而言，就算我们真的痛下决心，改变环境，重新开始生活，我们就能保证新的一切都会使我们满意吗?

对于新的团队或者那些不让我们满意的团队，我们最重要的不是盲目改变和放弃，而是要努力融入进去，让自己顺利成为新团队的一员，这样才能和新团队一起成长，共同进步。这样一来，我们既无须抱怨，也不用改变自己的人生，而是可以更好地面对现在的生活，为我们的未来扬起风帆。

唐代诗人王维年纪轻轻就才华横溢，非常清高。在参加科举考试之前，他就知道要找关系托人大力推荐，才能在科举考试中高中，然而他并没有像大多数读书人一样屈从于流俗，而是坚决依靠自己的实力参加考试。遗憾的是，第一次参考科举考试，那些不如王维的人全都高中，王维却落榜了。王维为此深受打击，他很清楚自己的问题所在。再加上朋友的

极力劝说，所以他也只能攀附权贵。后来，王维得到岐王的举荐，又认识了公主。

在得知公主爱好音乐后，不但饱读诗书而且在音乐方面独具天赋的王维，在面见公主时演奏了一曲优美的琵琶曲。看到公主非常高兴，王维马上趁机恭维公主，而且还把自己的诗作呈献给公主看。再加上岐王在一边帮腔，王维果然得到公主的赏识和认可，高中状元。

也许有些朋友会为王维没有坚持自己的原则而感到遗憾，但是整个封建时代的风气就是那样，仅靠王维一个人的力量是根本不能与时代抗衡的。他有满腔热血和一腔抱负，如果只是一味地拒绝攀附权贵，那么缺少权贵举荐的他只能一生默默无闻。所以，王维思考严峻的形势，做出了明智的选择，最终成为状元，得以到广阔的天地施展自己的才华。

所谓适者生存，意思就是说一个人要想在社会上站稳脚跟，就必须顺应形势，找准机会，充分表现和展示自己的才华。现代社会，有很多人抱怨命运不公，抱怨自己没有充分的能力展示自己的才能，但是他们不知道的是，他们实际上有很多机会可以改变人生，但是他们却因为固执己见、不思变通，最终失去了对人生的掌控和把握。我们必须清楚，环境并非是为我们而存在的，整个世界更不会以我们的意志为转移。我们与其抱怨社会环境不好，不如改变心态，每次面对危机的时候，就借此机会寻找人生的转机。要知道，命运无法眷顾每一个人，但是它一定会眷顾那些勤奋、刻苦，绝不轻易放弃命运的人。举个最简单的例子，夏季马上就要到来，在狂风暴雨、电闪雷鸣的日子里，很多粗壮的大树都会被连根拔起，但是恰恰是那些柔软的植物，反而能够很好地生存下来。究其原因，就是因为粗壮的大树坚韧不拔，具有韧性，却脆性不足。相反，那些柔软的植物，却因为能够随风摇摆，反而保全了自己，求得了长远的生存和发展。这一点，是值得我们做人做事借鉴和学习的。

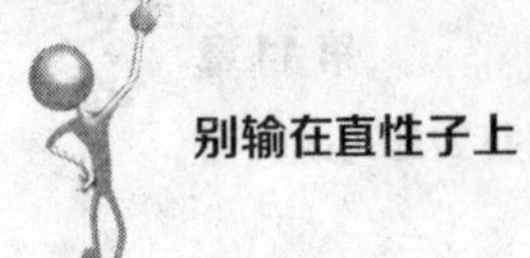

会倾听的人，才是真正会说话的人

人与人之间的交流，离不开语言的沟通。说话是一门艺术，只有真正掌握这门艺术的人，才是真正会说话的人，才能与他人和谐友好地交流沟通，为自己的人际关系加分。然而，大多数朋友只意识到会说话的重要性，却不知道会说话，三分在于讲，七分在于听。我们必须会倾听，善于倾听，才是真正会说话的人，才能更好地与他人交流、沟通，达到我们预期的目的。

很多朋友都知道，说话一定要掌握分寸。没错，同样意思的表达，有分寸和没分寸，达到的效果是截然不同的。然而要想把握分寸，除了掌握语言的艺术之外，在倾听他人的过程中多用心，专心倾听，是关键所在。常言道，言多必失，我们唯有把握好说话的分寸，才能避免因为说多或者说得过分导致产生不可挽回的负面作用。要知道，说出去的话如同泼出去的水，话一旦说错了，就很难起到积极的作用和正面的影响，甚至还会导致事与愿违。早在古时候，先哲们就奉劝世人，“逢人只说三分话，不可全抛一片心”。人生知己难求，我们不可能把每个人都当成自己的知己掏心掏肺。所以，对于不能推心置腹的人，我们最好的办法就是见人只说三分话，而把其他的七分精力用在倾听对方诉说上。这样我们一则可以有效保护自己，二则可以聆听他人的心声，对他人表示尊重和认可，从而也能博得他人的认可和好感，可谓一举两得。

在朋友的邀请下，卡尔参加了一个晚宴。但是，这个晚宴上的很多人卡尔都不认识，因此他觉得有些无聊。因为和一位著名的植物学家相邻而坐，所以卡尔和植物学家聊了起来。这位植物学家非常健谈，他滔滔不绝地为卡尔讲述各种关于植物的逸闻趣事，还向卡尔普及植物学知识。卡尔一直面带微笑耐心地听着，偶尔做出反应，表现出惊讶或者惊喜或者恍然

大悟的表情。结果，整个晚宴持续几个小时，卡尔什么都没做，就一直在听植物学家讲。

晚宴即将结束时，植物学家当着所有人的面，夸赞卡尔是最有意思的人，最好的交谈对象。奇怪的是，卡尔自始至终都保持缄默，只是偶尔做出适当的表情反应而已。他为何能够成为最好的交谈对象，得到植物学家如此高的评价呢？

实际上，倾听也是一种交流。而且，作为交流方式之一，倾听有很多不为人知的好处。细心的朋友会发现，和那些说起话来滔滔不绝、口若悬河的人相比，懂得倾听的人拥有更好的人缘。究其原因，倾听能够表现出对于说话者的极大尊重，对于尊重自己的人，人们怎么会不非常感兴趣且非常认可呢？很多人自以为聪明，总是打断别人的谈话，从而迫不及待地表达自己。殊不知，这么做只会招人反感，导致事与愿违。

我们除了能够通过倾听捕捉到关于他人的更多信息之外，还可以得到他人的好感，最重要的是从心理学的角度来说，我们的倾听还能给对方提供心理空气。这样一来，对方在与我们交流的过程中就能够获得精神上的满足，而且还会对我们非常认可。当然，倾听也是一种重要的交流技巧，需要我们多多提升和培养自己，才能获得这样的技巧。很多看过心理医生的人都知道，心理医生就是最好的倾听者。很多心理医生在对病人进行治疗的过程中，首先扮演的角色就是合格的倾听者。他们不会刻意强制要求病患接受他们的正确看法，而是耐心、认真、细致地倾听病患的讲述。他们很善于引导病患说出自己内心的感受，也善于积极地诱惑病患说出自己内心的烦恼和苦闷。他们的情绪也会随着病患的感情而不断变化，做到同理心，对病患感同身受。这样一来，病患才能更好地抒发内心的感受，治疗也就自然而然地进行了。

人们总是觉得，善于倾听的人总是沉默着，觉得这对于人际交往而言是弊端。实际上，只有沉默，我们才能更加集中注意力倾听他人，也才能对他人进行正确的判断，这是任何只顾着滔滔不绝的人都无法体验到的。假如你想成为一个很好的听众，也想经营好自己的人际关系，让自己成为好人缘的人，你就必须表现出对他人谈话的莫大兴趣，并且集中注意力全神贯注地倾听他人。记住，任何人在与你交谈的时候，他们都更加关注自己的一切，而不是关注你所谓的问题和话题。在交谈中，谁能把注意力更多地用于关注交谈对象，谁就获得谈话的成功。

未必一切都靠自己，聪明的人会借力

现代社会不提倡个人英雄主义，这是因为一个人即使能力再强，也不可能完全依靠自己的力量做好所有事情，获得成功。所以，朋友们，永远不要把自己当成救世主，哪怕你在工作中表现非常突出，也不要总是压制合作伙伴。要知道，唯有真正地融入团队之中，我们才能更好地发挥自身的力量，也借助团队的平台让自己事半功倍。所以我们说，聪明的人是会借力打力的，有时一切都靠自己，最终会导致自己陷入被动之中，无法扭转局势，转败为胜。

也许有些朋友会说，难道我们必须依赖他人吗？当然，这与依靠他人完全不是一个概念。我们当然要更多地依靠自己，做到自立自强。这里所指的是在团队的生活与工作中，我们要借助集体的力量，才能真正融入团队之中，让自己的力量也成倍增长。尤其是在团队中，我们更不能搞个人英雄主义，否则就会与团队格格不入，导致受到团队其他成员的孤立和排挤，这无疑是得不偿失的。

毫无疑问，每个人在社会上都应该做到自立自强，然而，每个人都

无法做到完全独立。整个世界就如同一张关系错综复杂的大网，我们都生活在这张网里。人是群居动物，如果是农耕时代，人更能够依靠土地而做到自给自足，那么现代社会各行各业分工越来越密切，人们生存于人群之中，与他人合作密切、关系密切。所以现代社会每个人要想更好地生存，都需要依赖于他人，求助于他人。每个人与其他人之间都有着千丝万缕的联系。正所谓“我为人人，人人为我”。我们在服务于他人和社会的同时，也在从他人和社会中索取，为我们的生活创造便利。因而，现代社会，一个人绝不可以说自己“万事不求人”。认识到这一点之后，我们就不会因为沉重的心理压力，导致向他人求助时尴尬难堪了。

现实生活中，很多人把托人找关系称为走后门。当然，如果正门走不通，为了达到目的走走后门虽然说起来没有那么光明正大，但是当人人都如此的时候，我们如果看着关系不用，就相当于搬走自己的梯子，让自己眼睁睁地看着高高在上的目标，却无能为力。其实，走后门如果不是违法乱纪的事情，只是让我们一切进展更加顺利一些，也无不可。从人际关系的角度而言，我们走后门找人给我们提供便利，实际上就相当于是发挥了人际关系的作用。因而，朋友们，千万不要谈起走后门就变色，毕竟有后门可走还是幸福的。假如我们能够以更高的起点起飞，我们也就能够以更短的时间获得更大的成功，为自己争光添彩，也为这个社会做出贡献。

小李是资深财务人员，在家乡工作几年后，他决定去大城市打拼，开启不一样的人生。为此，他思考了很长时间，决定去好朋友小张所在的上海。小张得知自己最好的哥们要来上海，兴奋不已。他当即发动自己的关系，为小李联系了一家大公司，并且是财务主管的工作。然而，小李对此却有自己的意见。他对小张说：“我相信自己凭着能力也能混得不错，我先不从你这里走后门了，我想自己应聘。”看着一脸天真、满脸正气的小李，小张不知道该说些什么。他很清楚，小李是把大城市想得太天真了，

根本不知道大城市里其实是有很多门道的。但是看着小李坚决的样子，他也不想勉强小李，决定先让小李去碰碰壁，等到小李张口请求帮助的时候，再从长计议也不迟。

小李一到上海，就四处投递简历，参加各种各样的人才招聘会。一个月过去了，他毫无收获，应聘的几家也都石沉大海，全无音信。看着小李沮丧的样子，小张暗暗想道：他被打磨得差不多了，应该快要张嘴求援了。出乎小张的预料，小李继续四处奔波找工作，后来居然进入一家小公司当了小小的会计。还没过试用期，小李就觉得忍无可忍，最终请求小张："张，要不我还是去你之前说的那家公司试试吧，现在这样太难了。"小张这才如释重负，说："就是嘛，大城市最讲究人际资源，既然咱们有这个便利条件，为何不用呢！"小张一个电话，小李就去此前联系好的那家公司当财务主管了。小李决定要竭尽全力好好干，绝不给小张丢脸。

对于有关系的人而言，能走后门，很多为难的事情就是一句话的事。然而，这些事情对于没有门道的人来说，却难于登天。小李原本很天真地想靠自己的实力找一份满意的工作，却发现自己在上海初来乍到，根本无法赢得他人的认可。为此，他决定使用小张的关系作为敲门砖，等到自己真正发挥力量把工作做好了，自然也就有了尊严和面子。不得不说，小李后来的思路才是正确的。

从古代社会到现代社会，有很多知识分子都喜欢清高。他们不愿意与官场上的人同流合污，只愿意凭借自身的实力为自己代言。殊不知，这样的思维到了现在早就应该转变了。现代社会有很多成功学大师，他们全都无一例外地提醒人们一定要经营好人际关系，还要抓住一切机会结识那些贵人。殊不知，这正是他们的成功策略，即借力打力，最终让自己顺势而为，获得最好的结果和最大的成功。细心的朋友应该可以看到，每一个成

功者的人际关系都很好，而且他们还有丰富的人脉资源。他们振臂一呼，应者云集，也是因为他们不但能够赢得贵人的认可和赏识，而且也真正降服了下属，从而使下属对他们忠心耿耿。所以，朋友们，一定要记住最大限度发掘人脉关系的力量，为自己的成长和成功搭建天梯。

多多参加社交聚会，让自己拥有好人缘

现代社会生活中，有很多宅男宅女。他们最喜欢做的事情就是宅在家里，从来不愿意走出家门，与他人进行过多的交往。然而，一个人只有拥有良好的人际关系，在生活中和工作上才会如鱼得水。对于宅在家里的人而言，是不可能在人生之中获得巨大成就的。常言道，在家靠父母，出门靠朋友。这句话特别有道理。宅在家里的人除了家人和亲戚以及为数不多的好朋友之外，人际交往几乎没有，可想而知他们与时代的联系很松散，他们距离成功也非常遥远。

除了这些宅男宅女之外，还有很多人虽然看似有正常的社会生活，但是在人际交往中他们总是很被动。举例而言，和朋友间的交往，他们从来不是主动者，而是被动地接受朋友的安排参加各种聚会。不得不说，这样的人还是有很大的改进空间的，至少他们可以成为很多朋友之间活动的策划者或者组织者。在真正参加社交聚会时，还要注意保持积极主动，抓住一切机会结识他人。这样，我们才能拥有更多的朋友，人脉资源也会更加丰富。很多朋友参加社交聚会时，或者站在原地百无聊赖，或者躲在角落中玩手机。不得不说，这样的行为表现只会导致社交聚会毫无成效，也会使我们自身坐立不安，完全体会不到参加社交聚会的快乐。

世界知名的篮球明星乔丹曾说，要想有所收获，就必须主动出击，因

为被动是无法得到任何收获的。遗憾的是，现实生活中相当多的人都已经习惯了被动，而要想掌控全局，我们必须主动。所以，朋友们，展开进攻的姿态吧，把每一个潜在的能够成为朋友的人都当成我们的猎物，对其主动进攻。

大学毕业后，小雅一直在一家小公司工作，虽然想跳槽，但是却没有找到合适的机会。一个偶然的机会，小雅知道整个行业要进行资格证书的考试，不由得灵机一动，突然就想报考。就这样，她在繁忙的工作之余，总是抽出时间去上培训班，果然认识了很多业内人士，而且其中不乏公司的经理或者老总。

小雅一开始的时候不敢和培训班里的那些公司高层人士搭讪，后来渐渐鼓起勇气，心想：我就把他们当成是普通的同学，也无不可。就这样，小雅和他们从陌生到熟悉，有几个老总得知小雅是同行从业者，因为在接触中对小雅有了一定的了解，居然直截了当地邀请小雅去他们的公司工作。就这样，小雅在综合考察几家公司的情况后，决定跳槽到其中一家规模比较大、发展前景很好，而且老总人也很和善的公司，重新掀开了自己事业的新篇章。

小雅是个非常聪明的女孩，她知道以自己的身份还没有资格参加高端的行业聚会，所以就抓住这个千载难逢的好机会，参加了行业资格证书考试的培训。果不其然，这是比聚会更好的社交场合，她很快就抓住机会认识了很多业内人士，也帮助自己建立了良好的人脉网络。由此一来，她从四处奔波找工作，到得到那些老总的认可，接受那些老总的邀请，挑选工作。不得不说，她的思路非常好，也的确事半功倍，达到了她预期的目的。

朋友们，一生之中，我们会经历很多社交聚会。很多时候，我们也许并不想参加这样的聚会，甚至非常对其非常排斥。殊不知，我们身边有很

多人正在等待机会参加这样的聚会，而且还有一部分已经通过这样的社交聚会成功扭转了自身的命运，让自己变得更加积极主动了。假如你现在还默默无闻，还不知道如何隆重推出自己，那么就先从积极参加社交聚会做起吧。其实，不一定只有行业内的聚会才是机会，诸如日常生活中的朋友聚会、舞会、结婚典礼等，都是很好的机会。所谓处处留心皆学问，我们也要说，处处留心皆机会。只要我们擦亮眼睛，始终盯着机会可能到来的地方，机会总会不期而至，给我们大大的惊喜。

今日的埋头苦干，才能换来明日的扬眉吐气

毫无疑问，每个人在世界上行走，都恨不得能够扬眉吐气、大步流星。然而，人生如果没有低头，又哪里来的抬头呢？一个人生存于世，如果想要有所成就，就必须学会低头。因为低头，是为了更好地抬头。现实世界中一切都非常杂乱，人生不如意也总是伴随着我们的生活。很多时候，我们遇到低矮的门槛，如果始终高昂着头，不但会撞得头破血流，而且还会因此给自己带来很多的麻烦，导致无法跨过门槛。聪明的朋友明白其中的道理，所以他们总是在该低头的时候顺从地低头，这样一来，他们并不是退缩和怯懦，而是更好地前进，为自己的人生开路。

很多朋友都知道，一个人要想让自己的拳头更有力，必须先把拳头缩回来，然后再集中力量重重地挥舞出去，这样拳头才能征服想要征服的一切。相反，始终举着拳头示威，拳头的威力只会越来越小，很难达到预期的效果。我们都要学会这种睿智的处世方法，从而做到审时度势、迂回有力。我们必须让自己学会审时度势，保存实力，才能把一切不利因素都转化为顽强的力量。这既是处世的柔软，也是高明的变通，更是生存的

智慧。

一个人如果不会埋头，只会昂扬向上，那么总有一天会夭折，再也无法成就自己。举个最简单的例子，很多小草都是从石头底下生长的，假如它们不会低头拐弯，只是一味地向上、向上，它们如何能够有见到天日的那一天呢？生存的环境，不管是对于人而言，还是对于小草而言，都是非常残酷的。我们唯有更加积极主动地适时低头，才能更好地面对人生，最终扬眉吐气、奋发昂扬。

学会低头，我们才会把自己与外界的环境融合起来，把我们从不和谐的因素变成和谐的因素，这样一来我们与外界的对抗会降至最低，我们也不至于因此导致自身受到伤害。人人都知道不能以卵击石，却不知道要屈从于环境。人们常说留得青山在，不怕没柴烧，也是这个道理。

春秋时期，吴王夫差为了给父亲报仇，在国力强盛之后发兵越国，最终战胜越国，把越王勾践也俘虏到吴国。为了羞辱越王，夫差总是给越王安排一些卑贱的活儿，诸如他让越王给先王看守坟墓，也让越王为他饲养马匹。看到吴王把自己当成奴仆，越王虽然心中深存亡国之恨，但是却表现出非常恭敬顺从的模样。每当吴王出门，他都会主动给吴王牵马。在吴王卧病在床时，他还如同孝子贤孙一样在吴王的病榻前尽心伺候。渐渐地，吴王对越王失去警惕心理，他觉得越王已经完全发自内心地臣服于他了，因而准许越王回到越国。

其实，在吴国的时间里，越王从未忘记亡国之恨。回到越国后，他下定决心一定要报仇雪恨。为了避免自己忘记曾经的痛苦，他放弃了温暖舒适的床，而是睡在硬木板上。为了提醒自己牢记亡国之恨，他还拿出一颗苦胆吊在门框上，无论是睡觉还是吃饭之前，他都先品尝一下苦胆，从而让自己牢记血海深仇。此外，他把国家托付给信得过的大臣管理，自己则亲自下地干活，还经常走入老百姓之间。当然，他从未有一刻停止过训

练军队。经过10年的努力，越国国富民安，军队力量强大。越王意识到复仇的时机已经成熟，因而率领军队去讨伐吴国，最终成功消灭吴国。战败后，吴王夫差羞愧不已，自己结束了生命。后来，越国乘胜追击，进军中原，在春秋末期崛起，成为春秋末期首屈一指的大国、强国。

越王勾践在成为吴王夫差的阶下囚之后，在吴国艰难度日，做着最卑贱的活儿，还主动在吴王夫差面前表现出毕恭毕敬的样子，最终才能赢得吴王夫差的信任，得以回到越国。现实生活中，很多朋友都主张“宁为玉碎，不为瓦全”。假如越王勾践也怀着这样的思想，在战败之后结束自己的生命，那也就没有越国后来的崛起了。

人生宝贵，该低头的时候就要低头。勾践之所以在吴王面前卑躬屈膝，也就是为了使自己有朝一日能够回到越国，从而让越国再次崛起。连尊贵的越王勾践都能适当低头，我们作为普通人又有何不可呢！而且，我们也不是阶下囚，也没有吴王夫差那样的人故意贬低和折磨我们。其实，对于生活中的很多难关，都并非我们想象中那么难以度过。我们只要端正心态，意识到今日的低头是为了来日的抬头，也就不会觉得那么难堪和尴尬了。我们必须记住，成功没有捷径。任何情况下，我们只有点点滴滴地积累，才能厚积薄发，从而一步一个脚印地走向成功。记住，暂时的低头并非软弱和退缩，而是为拥有美好的未来和成功的人生铺垫基础。

与人方便，才能与己方便

自古以来，中国就是礼仪之邦，就崇尚礼仪，更讲究礼义廉耻。实际上，谦逊礼让是中国民族几千年来的传统美德，更是深入人心。很多人以为礼仪是非常高规格的，实际上礼仪表现在我们生活的点点滴滴，诸如

狭路相逢不是勇者胜，而是谦让的人能给他人让让路。假如两个人互相争强，寸步不让，那么很有可能至少有一方坠入深渊，导致事情变得不可收拾。实际上，早一分钟过路、晚一分钟过路有什么关系呢！就算不从礼貌的角度考虑，我们为了自身的安全着想，也不应该一味争执，导致事情变得非常糟糕。

现实生活中，人们常说，与人方便，与己方便。然而现实情况却是，很多人为了不与人方便，甚至宁愿让自己也不方便。不得不说，这样的损人不利己，是非常不好的行为。其实，我们做很多事情并非是高尚的利他主义驱使的，而是利己主义也在帮助我们变得更加宽容、更加慷慨。生活是琐碎的，包括工作中我们都会遇到很多与他人发生争执或者利益纠纷的情况。每当这时，我们无须非常高尚，但是至少要做到与人方便、与己方便，损人不利己的事情是万万不能做的。

很久以前，有一对父子性格强硬，而且心思耿直，遇到事情的时候根本不会拐弯处理。他们在生活中从不会迂回曲折地解决问题，遇到任何事情都像个愣头青一样，绝不轻易退让。有一天，父亲的朋友来到家里做客，因而父亲赶紧给了儿子一些钱，让儿子去邻村的集市上买肉。因为天色已经不早了，所以集市上的肉都没有那么新鲜，儿子转悠来、转悠去，好不容易才找到一个现杀现切的卖肉摊位，买了好几斤非常新鲜的肉。儿子高高兴兴地拿起肉，朝着家里走去。不想，走到快出集市的那个小桥上时，因为桥很窄，儿子与一个五大三粗的大汉迎面碰上了。其实，他们只要彼此错开一些，就都能过桥，但是对方偏偏也是个死心眼，根本不愿意退让或者挪动半步。就这样，儿子与那个大汉面面相觑，各不相让。眼看着已经到了中午，家家户户都开始做饭了，儿子却依然提着肉站在桥上。

父亲在家里等得心急如焚，客人也有些饿了，父亲赶紧出门顺着通往集市的道路往前走，想找找儿子。距离桥还有一段距离，他就看到桥上站

着两个人。父亲急急忙忙赶过去，果然是儿子与人对峙。看到儿子纹丝不动地站在那里，父亲非但没有生气，反而对儿子连声夸赞。他告诉儿子："儿子，我为你骄傲。不过，家里该做饭了，你先飞奔把肉送回家，让你妈做饭，我留在这里接替你的工作，你放心吧，我一定不会退让的。"就这样，父亲与儿子交换位置，父亲继续留在桥上与那个大汉对峙，儿子则飞奔回家，把肉送给妈妈做饭。得知此事的人越来越多，大家都觉得很好笑，不由得赶到小桥附近看热闹。

虽然这只是一个寓言故事，但是其中蕴含的道理却非常深刻。现实生活中，很多朋友虽然没有如同故事中的父子一样站在桥上与人对峙，但是类似的行为却时有发生。诸如生活中很多人因为嫉妒心理强，对于那些超过自己的人总是心怀怨恨。还有些人因为在工作上不如他人，就时时处处给他人设置障碍，却没想到最终连累了自己。这些类似的行为，不但给他人的生活带来了困惑，也给我们的生活造成了干扰，可谓损人不利己，得不偿失。

实际上，生活的目的不应该是两败俱伤，而应该是皆大欢喜。在生活中当我们与他人狭路相逢时，与其不识时务地与他人僵持不让，不如适当地留些余地给他人，这样我们才能给他人保全颜面，也给我们自己留下回旋的空间和余地。退一步海阔天空，退让是人生的美德，生活中除了那些需要坚持的问题之外，我们还必须拥有谦虚和宽容，才能处理好人际关系，也使自己的人生海阔天空。

很多时候，我们都存在一个误解，总觉得一切的利益和得到都是我们争取来的。殊不知，争与让之间，争也许能够通过努力或者各种非常手段帮助我们得到理想的结果，但是假如我们反其道而行，该争的时候不争，而是让，那么我们反而会得到更多。所以，争与让并不是绝对的。我们必须审时度势，才能顺应形势，做出最明智的选择和举动。

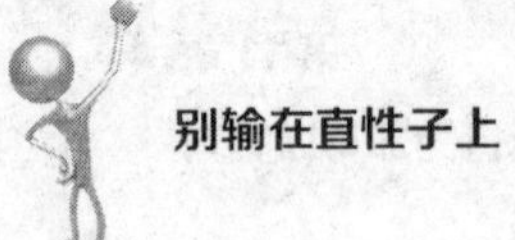

与人分享快乐，才能有人愿意帮你分担痛苦

人生之中，既有快乐，也有痛苦。很多时候，我们唯有与他人分享快乐，他人才会愿意帮助我们分担痛苦，这是人的来来往往，是人情的交流。常言道，有福同享，有难同当，当然大多数情况下人们把这句话用在亲密无间的人之间。实际上，就算是普通的朋友和同事，如果我们与他们相处得当，也是可以做到这一点的。正如前文所说，人情就是用来欠的。我们分享给别人快乐，别人当然会觉得欠了我们的人情，因而也就愿意帮助我们分担痛苦，在我们伤心难过或者脆弱的时候，坚定不移地站在我们身边。

所谓礼尚往来，往来的意思就是有来有往、有往有来，来来往往才能彼此交情深厚，也才能做到患难与共。从本质上来说，任何人际关系都需要我们苦心经营，包括我们长大成人之后与父母之间的关系，也是需要投入和付出的。从这个意义上来说，这个世界上没有什么关系是天生不需要维护的。在我们小的时候，父母为了我们付出一切，考虑任何问题都从我们的角度出发。当我们长大成人，假如我们从来不把父母看在眼里，甚至对父母感到排斥和抗拒，那么日久天长，父母对于我们的感情也会渐渐淡漠，这很正常。因此，朋友们，我们一定要认真对待和用心经营各种人际关系，这样我们身边才会始终围绕着那些爱我们的人，我们的人生也才会因为有了他们的帮助更加顺遂如意。

尤其是在现代职场上，同事之间争抢功劳的现象很常见。例如，明明是大家一起精诚合作完成了某个项目，但是每个人都想把功劳算在自己头上，由此导致团队成员之间钩心斗角，生怕谁抢了谁的功劳。其实，在这种情况下，汇报工作的人无疑能够赚些便宜，他至少可以借助于汇报工作的机会和上司更多地接触。假如他假公济私，利用汇报工作的机会夸大自

己的功劳，虽然可以暂时赢得上司的好感，但是世上没有不透风的墙，最终一定会因此事与愿违。真正的聪明人在汇报工作的时候，不会把所有功劳都算在自己头上，而是会多多为自己的团队成员美言。这样一来，不但能够增强团队成员的凝聚力和向心力，就连上司也会因为他的大公无私而对他刮目相看。由此可见，谦让反而能够让人有意外的收获，重要的是要会说话，会做人做事。

作为一名销售团队的管理者，林丹这一年的表现可圈可点。她所带领的团队是全公司销售业绩最高的，为此，她在年会上还得到了公司额外奖励的大红包呢！在发表获奖感言的时候，林丹始终在夸赞自己，不但当着全公司人的面说自己是专业学习管理的，所以对于用人、带人都颇有心得。她足足说了十几分钟，却没有意识到自己既没有感谢公司这个大平台，也没有感谢自己的团队成员。后来，年会结束，下属们都起哄让林丹请客，林丹却不以为然地说："请什么客！你们一个月挣好几万的时候，我也没见你们感谢我这个管家。现在我拿到了管理有方的额外奖金，你们可别想蹭我的吃喝。"下属们都很尴尬，大家谁都没说什么就散了。

次年开年，林丹原本信心十足想要继续挑战公司年度团队销售冠军，但是她却发现开年不顺。她的下属们都很懒散，还有几个能力很强的下属都申请调到其他团队了。上司呢，对她也不冷不热的，再也不像以前那么热情了。

众所周知，在所有工作中，销售工作是最具挑战性，难度也是最大的。同样的道理，对销售人员的管理工作也是最难做的。为此，林丹在年会上一味地强调自己劳苦功高，既没有考虑到上司的感受，也没有考虑到下属的感受，可谓是严重的失策。

要知道，林丹得到的是年度团队销售冠军的奖励。可以说，她的收获既离不开上司的扶持和帮助，也离不开下属的全心全意、拼尽全力。她独享荣耀，最终触犯了众怒。当然，我们不能否认林丹对于团队年度冠军的付出是最大的，不管是上司还是下属，也并没有想分占她的功劳，只是希望她能够感恩，能够意识到别人的付出。

现代职场，每一个人的成长都离不开上司的栽培，不管获得怎样的荣誉，聪明的职场人士第一时间都会感谢上司。只有维护上司的尊严和权威，才能避免对上司造成威胁，受到上司的打压和雪藏。就像如今很多企业都在抢占市场的大蛋糕一样，面对荣誉的蛋糕，我们千万不能因为一时得益，就一个人独享。有的时候，我们并不需要付出很多，口头上真心实意的感谢，就会让那些曾经协助我们的人感到莫大的欣慰。当我们把分享做到极致，我们就会得到意外的收获，那就是我们更加坦途的人生。

后　记

每个人的一生都是一本值得翻阅的书，在本书付梓之际，写下我的这些往事，更多的是对过去的回忆和一路走来心路历程的真实记录。

我的前半生可以说是非比寻常，如同行走江湖般惊心动魄，如果用电影来表达，我想《猛龙过江》再合适不过，虽然没有刀光剑影和血腥场面，但生意场上和社交圈的利益纷争、明争暗斗却有过之而无不及。

从1997年离开黑龙江，来到青岛，我开过饭店、搞过二手房，1998年去了大西北，1999年离开兰州，来到广州，一年后重返青岛，开始做酒生意，直到2003年，一个偶然的契机，我来到宁波，被这座城市深深吸引，并结下不解之缘！

二十多年来，我去了很多地方，见到了不同的世态、经历了各种各样的事情、和形形色色的人打交道，现今拥有了几家经营有序的公司，一群有着共同奋斗目标的伙伴们，也算小有成就，其中的辛苦与感触一言难尽。

也许你们难以想象，一个来自北方的男人，性格“委婉”起来是什么样。当初我带着“杯酒论英雄，世界我最大”的豪情义气闯入社会，如今淡茶清饮，与90后、00后都能谈笑风生、畅所欲言；从年轻气盛到稳重沉着，我不断在成长，不断在修炼自我。

涉世之初，我因为性子直、做事爽朗，不懂社会的一些规则，直言不讳，得罪过不少人，也因此失去了很多很好的机会，在成功的道路上走了很多的弯路，得到了许多教训。最后于生活中经历，经历中生活，方知做人做事要学会圆融、留有余地，横冲直撞、头破血流不是处理事情的最好方式！

至此，不得不提的是我性格和思考方式的转变，得益于在生活中的历练，它改变了我人生的走向！

我之所以现在能过上自认为还不错的生活，自我总结为两点：一是性格决定人生，有什么样的性格就有什么样的人生，二是选择，你选择了碌碌无为就注定一生普通，你选择奋力拼搏就意味着可能拥有精彩人生！

我是陈君，一个有故事、有阅历的男人，风里雨里，陈君在这里等你！

编著者

2018年6月

参考文献

[1] 潘洪生.别让直性子害了你 [M].北京：北京工业大学出版社，2017.

[2] 石秀全.十八岁后要懂点人情世故 [M].北京：中国华侨出版社，2010.

[3] 墨非.别让直性子毁了你 [M].北京：台海出版社，2015.